奇迹天工
QIJITIANGONG

创造 是中国存续千秋的水墨
令人类尽享文明荣耀

水墨图说
中国古代发明创造

〔养蚕缫丝〕

黄明 /编著

U0325482

天津出版传媒集团

天津教育出版社
TIANJIN EDUCATION PRESS

图书在版编目(CIP)数据

养蚕缫丝 / 黄明编著. —天津：天津教育出版社，
2014.1(2016 年 12 重印)
（奇迹天工:水墨图说中国古代发明创造）
ISBN 978－7－5309－7403－2

Ⅰ.①养… Ⅱ.①黄… Ⅲ.①蚕业—农业史—中国—青年
读物②蚕业—农业史—中国—少年读物③缫丝—技术史—中
国—青年读物④缫丝—技术史—中国—少年读物
Ⅳ.①S883－092②TS143.2－092

中国版本图书馆 CIP 数据核字（2013）第 257632 号

养蚕缫丝
奇迹天工:水墨图说中国古代发明创造

出 版 人	刘志刚
作　　者	黄　明
选题策划	袁　颖　王艳超
责任编辑	王艳超　曾　萱
装帧设计	郭亚非

出版发行	天津出版传媒集团 天津教育出版社 天津市和平区西康路 35 号　邮政编码 300051 http://www.tjeph.com.cn
印　　刷	永清县晔盛亚胶印有限公司
版　　次	2014 年 1 月第 1 版
印　　次	2016 年 12 月第 2 次印刷
规　　格	16 开(787×1092)
字　　数	35 千字
印　　张	6
定　　价	13.80 元

　　中国是世界上最早懂得养蚕的国家。从古至今,勤劳聪明的劳动人民积累了许多宝贵的经验和技术。

　　随着养蚕业的普及,中国纺织绸缎技术也得到了进一步发展,形成了独一无二的丝绸纺织技术。在中国一路领先的印染工艺下,丝绸变得五彩缤纷,成为装点帝王将相威仪和衬托女性妩媚的最佳装饰物。

　　后来,丝绸之路开通,丝绸成了中国主要对外贸易商品,并成为中华民族的象征。在一系列对外交流中,中国的养蚕缫丝技术逐渐传向世界。

　　至今,中国的养蚕、缫丝、织绸技术仍在很长时期内保持着绝对领先的地位。

目
CONTENTS
录

神奇的东方丝虫——蚕

很多人都从古诗和历史故事里知道了蚕，这是一种我们既熟悉又陌生的虫。它的牺牲精神和非凡的吐丝本领，让我们对它充满了敬意和喜爱。而作为最早发现和开发蚕的作用的中华民族，蚕又带给我们说不尽的故事和数不清的荣耀。

蚕的传说

马头娘的来历

你知道蚕的来历吗？我们先一起来看一个有趣的传说吧。

晋代有个叫干宝的人，他写了一本记载怪事神话的奇书——《搜神记》。书中记载了一个蚕的故事。

话说在上古时期，有一户人家，父亲远征，许久没有音信，家中的女儿很担心。

有一天，她非常想念父亲，就跟家里的白马开玩笑说："你要是能把我父亲接回来，我就嫁给你！"白马听了以后，非常兴奋，挣脱了缰绳，一溜烟地跑了出去。它果然找到了女孩的父亲，并把他驮回家中。父亲非常赏识自己的爱马，每天喂它上好的饲料，但是白马并不领情，每日郁郁寡欢，可一见到女孩就又跳又蹦，兴奋不已。父亲奇怪，就问女儿。女儿悄悄告诉了他事情的经过。父亲心中不高兴，于是把白马杀了，还剥下了白马的皮，挂在屋里。

这一天，父亲出门了，女孩和邻居的姑娘一起玩耍。看到挂在屋里的马皮，她就踢了一脚，并且笑话它说："你真不知天高地厚，明明是匹马，还想娶人做老婆！现在被剥了皮，活该！"哪知道，话音刚落，马皮猛地跃起来，裹住了女孩的身体，腾空而去。

女孩的父亲急忙四处寻找。最后，他在一棵大树的枝叶间发现了女儿。此时，她已经被马皮包裹着，变成了一条白色的虫。它的头像马，嘴里吐出亮晶晶的丝线，缠绕着身体和枝干。

后来人们把这种用丝线缠绕的虫叫作"蚕"，也就是"缠"的意思，又因为它死在树上，所以那棵树被称作"桑"，取"丧命"的意思。

据说，这就是最早的蚕的故事，这个女孩就是桑神。因为头像马，所以又被称为"马头娘"，古书称"马头神"。再后来，因为认为马头神形象欠佳，于是后人又塑造了马背上骑着姑娘的形象，供奉在庙里，称之为"马鸣王菩萨"。

江浙一带的蚕农则都喜欢将蚕神称为"蚕花娘娘"。传说蚕花娘娘在世时最喜欢吃小汤圆，因而每年蚕宝宝三眠后，蚕茧丰收在望，每户人家都要做上一碗"蚕圆"来酬谢蚕花娘娘的保佑。这种风俗保留至今。

除了这些，还有很多关于蚕神的传说，被称为蚕神的有先蚕、嫘祖、菀窳夫人、寓氏公主、马头娘、蚕母、三姑等，而这些蚕神中最著名的是嫘祖。

据《史记·五帝本纪》记载，嫘祖是黄帝的妻子，西陵氏之女，但当时并没有说她就是蚕神。到了西周时，人们才开始将她与蚕联系在一起，此后嫘祖便逐渐被人们接受，成了历史上最早的女发明家，教人们养蚕缫丝。

嫘祖的故事

据说，嫘祖发现蚕、发明养蚕缫丝纯属偶然。

当年，黄帝建立了部落联盟，并被推选为部落联盟的首领。他召集大臣和妻子嫘祖，带领百姓恢复生产，发展经济。

他带领群臣种五谷、造工具，而缝补衣衫、搞好后勤的事则交由嫘祖完成。

聪明能干的嫘祖不负使命，日夜操劳。她带领妇女剥树皮，纺麻网，加工皮毛。很快，部落里的人全都有衣披，有鞋穿。可是，由于过度劳累，嫘祖病倒了。

侍女们心疼嫘祖，就到处为她寻找补身体的食物。有一天，她们在树上发现了一种白色的小果子，很是惊喜，就摘了些带回家。可是这些白色的小果子根本咬不动，而且也没什么滋味。

这时候，有个侍女想出一个主意：生着吃咬不动，或许煮熟了就好了。

于是大家一齐动手，烧火熬制。但是煮了很久，依然煮不烂。一个侍女就用勺子搅，工夫不大，勺子上就缠绕上许多像头发粗细的白丝线，还是吃不了。

嫘祖听侍女们说起这件奇事，就让人扶着来到瓦罐旁。她仔细察看缠绕在一起的白丝线，看着看着竟然笑了："姑娘们，这果子虽然不能吃，但可以用来做大事！如果用这细丝织布，那一定能做出更好看、更舒服的衣衫。"说来也怪，嫘祖见了白丝线，病竟然不治而愈了。

第二天，嫘祖便让侍女们领着来到了找到白色果子的那片桑树林。经过观察，她发现，

那白果子并不是树上结出来的，而是一条条蠕蠕而动的虫子口中吐出的细丝绕织而成的。嫘祖给这虫子取名为"蚕"，把它织成的白果于取名为"茧"。自此以后，栽桑、养蚕缫丝、织绸做衣这一系列的工序就在嫘祖的领导下开始了。后人为了纪念嫘祖的功绩，尊称她为"先蚕娘娘"，有的地方还建庙祭祀她。

虽然这仅仅是个传说，但是它生动说明了中国大约在上古时代，就有了原始的蚕丝利用技术。人们先用野蚕丝织造丝绸，后来改用家蚕丝，而丝绸的出现比棉布要早得多。养蚕技术则是中国古代开发利用昆虫资源为人类服务的最成功的范例。

养蚕——中国对世界的贡献

那么，有关丝绸制造最早的文字记载是在什么时候呢？

据《史记》记载，商代的甲骨文中就有"丝""桑""帛"等字样。而传世文献中对中国丝绸的最早记载见于《尚书·禹贡》，文中提到丝绸的种类有丝、织文（有花纹的丝织品，即绮）、玄纤缟（纤细的黑白缯和白缯）、玄缥机组（黑色和浅红色的丝织品）等。由此推断，此时已经有种类多样的丝绸，其起源年代应该远在《禹贡》的成书年代之前。

结合嫘祖的传说，关于中国丝绸起源于上古时代，即黄帝时代，这种观点还是比较可靠的。嫘祖"教民养蚕""织丝茧以供衣服"，不仅与古文献记载的中国蚕桑、缫丝、丝绸的起源时代正相符合，而且也同古代社会以性别为基础的历史分工——"男耕女织"是一致的。

后来，考古工作者挖掘到大量文物，证明了这些古代文献的记载确有其事。1926年春，考古工作者在山西夏县西阴村的新石器时代遗址中，发现一个用某种工具切割开来的蚕茧，它的样子很像是半个花生壳。1950年，在河南安阳殷墟遗址，考古工作者发现，有的青铜器上还黏附着织造精美的细绢。1958年，在距西阴村几千里之遥的浙江吴兴钱三漾新石器时代遗址中，考古工作者竟然发掘到一些丝织品，其中有绢片、丝带、丝线等。由此可以断定，早在五千多年前，我国的蚕桑丝织业便兴起了。

养蚕业到了商代后获得长足发展，到了春秋时期可以说是一片繁荣。中国最早的诗歌总集《诗经》中有多处描写养蚕，如《豳风·七月》写道："春日载阳，有鸣仓庚，女执

懿筐,遵彼微行(走在小路上),爱求柔桑(去采摘嫩桑叶)。"它形象地描写了一群妇女在一个春光明媚的日子采摘嫩桑叶的情景。《诗经·魏风·十亩之间》则说:"十亩之间兮,桑者闲闲兮。"不仅如此,出土的战国时期的青铜器上还有《采桑图》,生动逼真地描绘了妇女采集桑叶的情景。这些足以证明,蚕丝在人们的日常生活中占据的重要位置。

随着养蚕业的普及,中国纺织绸缎技术也得到了进一步发展,形成了独一无二的丝绸纺织技术。在中国一路领先的印染工艺下,丝绸变得五彩缤纷,成为装点帝王将相威仪和衬托女性妩媚的最佳装饰物。

后来,丝绸之路开通,丝绸成了中国主要对外贸易商品,并成为中华民族的象征。在一系列对外交流中,中国的养蚕缫丝技术逐渐传向世界。

中国不但是养蚕、缫丝、织绸技术的发明者,而且相关技术在很长时期内保持着绝对领先的地位,这是中国对人类的伟大贡献之一。

揭开家蚕的神秘面纱

家蚕的名片
科学分类
界:动物界 Animalia
门:节肢动物门 Arthropoda
纲:昆虫纲 Insecta
目:鳞翅目 Lepidoptera
科:蚕蛾科 Bombycidae
属:蚕属 Bombyx
种:家蚕 B. mori

现在我们知道了，中国是最早发现并利用蚕为人类服务的国家。那么，蚕到底是一种什么样的动物呢？

古代人最早开始利用的是野蚕，后米逐渐学会了驯养，于是就有了家蚕。

家蚕是鳞翅目的昆虫，南方地区俗称其为蚕宝宝或娘仔。

家蚕的英文名为 silkworm，意为"丝虫"，因为它用丝织茧。茧是由一根 300 米至 900 米长的丝织成的。

蚕的一生要经历四个时期——卵、幼虫、蛹和成虫。

蚕以卵繁殖。蚕卵看上去很像细粒芝麻。蚕卵外层是坚硬的卵壳，里面是卵黄与浆膜，受精卵中的胚胎在发育过程中不断摄取营养，逐渐发育成蚁蚕，从卵壳中爬出来。

蚕从蚕卵中孵化出来时，身体的颜色是褐色或赤褐色的，极细小，且多细毛，样子有点儿像蚂蚁，所以叫蚁蚕。蚁蚕长约 2 毫米，

体宽约 0.5 毫米，它从卵壳中爬出来后，经过两三个小时就会进食桑叶。

蚁蚕食桑量极大，因此长得很快，体色会逐渐变淡。一段时间后，它便开始脱皮。脱皮时约有一天的时间，如睡眠般不吃也不动，这叫"休眠"。经过一次脱皮后，就是二龄幼虫，再次脱皮后进入第三龄，依此类推，共要脱皮四次，成为五龄幼虫才开始吐丝结茧。

蚕宝宝到了五龄末期，就逐渐显出老熟的特征：先是排出的粪便由硬变软，颜色变成叶绿色；食欲减退，食桑量下降；胸部呈透明状；继而完全停食，腹部也趋向透明，蚕体头胸部昂起，口吐丝缕，左右上下摆动，寻找营茧场所，

这样的蚕就称为熟蚕。

这个时候，我们就要把熟蚕放在特制的容器中或蔟器上，蚕便吐丝结茧了。

熟蚕先将丝吐出，黏结在蔟器上，再吐丝连接周围蔟枝，形成结茧支架，即结茧网。然后，蚕会继续吐出凌乱的丝圈，加厚茧网内层，接下来以 S 形方式吐丝，形成茧的轮廓，叫作结茧衣。茧衣形成后，茧腔逐渐变小，蚕体前后两端向背方弯曲，呈 "C" 字形，蚕继续吐出茧丝，吐丝方式由 S 形变成 "∞" 形，这就开始了结茧层的过程。

由于大量吐丝，蚕的躯体会渐渐缩小，头胸部摆动速度逐渐减慢并失去节奏，吐丝也开始显得凌乱，形成松散柔软的茧丝层，称为蛹衬。

蚕上蔟结茧后经过 4 天左右，就会变成蛹。从蚕蛹腹部的线纹和褐色小点可以判别雌雄。经过大约 12 到 15 天，蛹皮起皱并呈土褐色时，它就将变成蛾了。

蚕蛾的形状像蝴蝶。雌雄交尾后，雌蛾产卵。

如果蚕蛹变为成虫，它们会将茧溶解并钻出。由于它们破洞而出，蚕茧会被破坏，使丝线变短，不能用于纺丝织绸，所以要在其破茧以前，即将蚕茧放入沸水中，以杀死蚕蛹，并使茧易于拆解。

除了做茧生丝以外，蚕还是传统中药"僵蚕"的来源。僵蚕是蚕的四五龄幼虫感染一种名为白僵菌的真菌并死亡后的干燥体，具有散风和化痰祛痰的功效。孙思邈的《备急千金要方》载："蚕蛹性味咸温，主益精气。"《食疗本草》载："蚕蛹富含养分，食用甚益人。"现代医学证实蚕蛹油脂和蚕蛹蛋白具有降血糖、增强免疫力、抗衰老等功效。

另外，中国北方有一种食物"炸蚕蛹"，历史悠久。北魏时期贾思勰的《齐民要术》中就有"以蚕蛹御宴客"的记载。在泰国，"炸蚕虫"深受欢迎。不过，由于蚕虫的肉含有组织胺，食用过多可能会导致过敏。

中国养蚕小史

中国是世界上最早懂得养蚕缫丝的国家。从古至今，勤劳聪明的劳动人民积累了许多宝贵的经验和技术，使中国始终占据世界丝绸制造和贸易的核心位置。

夏代以前已存在蚕的家养，劳动人民从桑树的害虫中选育出有用的家蚕，创造了养蚕技术。

商代设有"女蚕"，是典蚕之官。甲骨卜辞有对蚕神祭奠的文字，说明当时对蚕事极为尊崇。那时候有杯蚕（臭椿蚕）、棘蚕、栗蚕、蚊蚕四种。野蚕和家蚕都是多化性（蚕在自然条件下一年内发生世代数多少的特性称为化性），逐步演变而成二化性和一化性，并以三眠蚕为主。

周代有"亲蚕"制度，天子和诸侯都有"公桑蚕室"。夏历二月浴种，三月初一开始养蚕，人们对浴种、出蚁、蚕眠、化蛹、结茧和化蛾等蚕的生长形态已有了一定的认识。养蚕工具有曲（箔）、植（蚕架）、筐（蚕匾）、

蓬（芦席）等。从西周到春秋时期，人们主要养一化性蚕（春蚕），禁养夏蚕（原蚕），一年只养一茬，以免桑叶采伐过度。周代的养蚕方法已经比较成熟，浴种是指清除蚕卵上的杂菌，以白蒿煮汁，浸泡蚕种，促其发蚁。蚕室内注意排水干燥及温度调节。

战国时期，人们对蚕的习性认识加深，知道蚕怕高温，喜一定湿度，不喜欢雨天，三眠蚕龄期为 21 日。北方地区的蚕有一化性、二化性（原蚕）和多化性，可连续孵化至秋末。在大批鲜茧因来不及抽丝而化蛾破坏茧层时，蚕农会用曝茧、震蛹两种杀蛹方法来处理。

魏晋南北朝时，选种、制种技术有了很大进步，已经能够控制家蚕制种孵化时间。在饲育过程中，蚕农已经注意到桑、火、寒、暑、燥、湿等因素对蚕生长的生态影响，对于蚕具的安放、不同天气的饲养技法都有细致的掌控。在茧的处理方法上，不论南方、北方，都有日曝法和盐泡法两种，而藏茧则多用盐泡法。

唐代养蚕基本沿用前代旧法，但都饲养多化性蚕，以三眠蚕与四眠蚕为主，浴蚕则在谷雨节前后于野外进行，与后世盆浴不同。

宋代蚕事趋于完善，生产过程分为浴蚕、下蚕、喂蚕、一眠、二眠、三眠、分箔、采桑、大起、捉绩、上蔟、炙箔、下蔟、择茧、窖茧等。浴种分多次进行，一在腊月经冻沥毒，二在谷雨催青前温水浴之。清明暖种有人体温和糠火温两种。收蚁有鹅毛掸拂和桑叶香引两种。蚁蚕饲叶用刀切细，小蚕

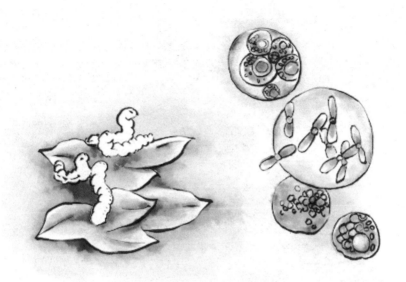

用嫩叶，并注意控温。大蚕薄饲勤添，并勤去粪除沙。上蔟时将早熟蚕率先上山，然后大批熟蚕一起上伞形蔟，要适当提高温度。贮茧多用盐混法收藏，时间不长，以保持茧质润泽。

元代对养蚕要求更严，并重视多化性蚕饲育，适当控制夏秋蚕数量。元代养蚕的要求可归纳为十体、三光、八宜、三稀、五广。这些都比较专业，我们仅举一例，像"十体"，指的是寒、热、饥、饱、稀、密、眠、起、紧、慢（指饲叶速度）等条件；"八宜"指蚕的不同生长期要掌握采光明暗、温度暖凉、风速大小、饲叶速度等八类条件；"五广"指对影响蚕生长的声音、气味、光线、颜色及卫生因素等都要有所禁忌。

明代则对蚕种选择和品种改良都很重视，浴种用天露法，

利用石灰水、盐卤水等浴法留取好种，淘汰低劣蚕卵。最早发现了杂交蚕种的优势并加以利用，比如用一、二化性蚕蛾进行杂交培育出体强丝多的新蚕种。江南水乡利用池塘养鱼畜牧，与栽桑养蚕的水肥相结合，形成自然循环条件下的相互促进，也是成功的范例。

对于野生柞蚕的利用，宋元前后都很重视，到明代对野蚕放养已有一套较为成熟的技术和经验。明末山东柞蚕丝绸已闻名中外，从此由历史上的人工自然采集转到人工放养收集的生产格局。南宋时广西还创造了以醋浸或熏野蚕，然后剖开蚕腹，取其丝"就醋中引之"，一虫可得丝长六七尺的先例，有人认为这是现代人造纤维的前奏。

清代时，在传统养蚕技术的基础上，各地都重视制种，江浙、四川、湖广等地都有适合当地生态条件的地方蚕品种，其中浙江余杭、新昌、萧山等地的优良品种较著名，后来就成为现代蚕种的制造基地。

在饲养方法上，当时的蚕农有了更为科学的办法，比如少叶时可用白米粉掺桑叶喂蚕，丝光白而韧。人们采摘秋桑叶晒干，研为细末，存放在干燥的地方，如果遇到雨季叶子太湿，可以将存放的叶末掺入，有灼湿、易饱、省叶之效。这些都是代用饲料添食的好办法。

1898 年，杭州创办蚕学馆，学习国外育蚕经验和理论，消除微粒病，用新法选育成青柱、新圆、诸桂、轰青等一批新品种，并用轰青与诸桂杂交，育成中国最早的改良品种青桂，在当时占有很大比重。嗣后各省纷纷兴办蚕校和蚕桑试验场，盛极一时。

进入现代，中国的丝绸制造业依然位居世界领先地位，蚕丝生产、生丝产量和出口量都始终位居世界第一位。而古代劳动人民的经验和技术，经过完善和改良，很多都沿用至今。

养蚕技巧便携手册

蚕的一生经过蚕卵—蚁蚕—蚕宝宝—蚕茧—蚕蛾，历时四十多天。这个过程虽然不算长，但养蚕依然辛苦，是一个需要极大耐心和细心的工作。

现在我国一些地区，养蚕也是学生课外活动之一。在活动中，学生们亲自动手，采桑养蚕，既了解蚕，也了解了相应的蚕文化。这里我们提供一些小知识，也许可以解答人们在养蚕中的困惑。

养蚕前需要作好哪些准备？

就像大熊猫离不开箭竹一样，家蚕的生长离不开桑叶。不过，比起大熊猫的挑剔，家蚕还会吃柞树、莴笋、蒲公英、鹅菜等。家蚕胃口很大，它们可以昼夜不停地吃，所以长得也很快。成语"蚕食鲸吞"中的蚕食就描述了蚕吞噬桑叶连绵不绝、逐渐消除的样子，进而形容占有侵吞。

所以，养蚕首先需要准备好充足的桑叶，其次是准备好蚕室、蚕具。养蚕前七天，用配比1%的强氯精喷洒消毒，每平方米用药液250克，喷后密封24小时以上，同时应将蚕房周围环境喷药消毒。

蚕种怎样催青？

蚕种出库第八天，可见到蚕卵一端有一小黑点，叫点青。一张蚕种有 20% 的卵点青，就用黑布遮光。从点青之日算起，第三天早上 5 点钟除去黑布，开灯感光孵化。

收蚁怎样操作？

感光 3 至 4 小时后，春蚕在上午 9 时，夏秋蚕在早上 7、8 时即可收蚁。

收蚁时，用桑树第一展开叶切成 0.5 厘米小方块，用叶量为蚁量的五倍左右，撒在垫有塑料薄膜的簸箕上，一手拿蚕种纸，一手拿蚕筷，均匀拍打蚕种纸背，使蚁蚕掉落在簸箕上，然后用鹅毛刮蚁蚕，整理成圆形即可。

小蚕饲养如何调节温湿度？

一至三龄称为小蚕，小蚕需要高温多湿的环境。一至二

龄适宜温度为 26℃ 至 27℃，相对湿度为 90%，因此饲养小蚕比较好的方法是采用塑料薄膜覆盖。即小蚕一至二龄利用尼龙薄膜上盖下垫，三龄蚕只盖不垫，给桑前 15 分钟揭去上盖的薄膜，给予换气，然后给桑。

小蚕期怎样选采适熟叶?

小蚕用叶标准一般以叶色为主，一龄蚕选择适熟偏嫩，叶色黄中带绿，自顶芽数下第三片叶；二龄选绿中带黄（淡绿色），顶芽下第四片叶；三龄采浓绿色成熟叶，顶芽下第五至六片叶或盲顶的三眼叶。

小蚕期各龄蚕的适宜温湿度分别是多少？

一、二龄蚕期保持 27℃ 至 28℃，干湿差 0.5℃ 至 1℃；三龄 26℃，干湿差 2℃。

如何确认定桑次数及给桑量？

小蚕薄膜覆盖育，每昼夜给桑四次，给桑量的标准是一龄 1.5 至 2 层，二龄 2 至 2.5 层，三龄 2.5 至 3 层。此外，还应根据蚕儿的发育和上次残桑的多少灵活掌握给桑量。

怎样给桑？

每次给桑前先平整蚕座，使蚕儿分布均匀，然后给桑。

怎样除沙？

小蚕期除沙次数不宜过多，一般一龄眠除一次，如蚕沙不厚最好不除，仅轻轻扩座，撒上焦糠即可。二龄起、眠各除一次，三龄起、中、眠各除一次。主要用网除法，即喂蚕前先在蚕座上撒一层焦糠或石灰粉隔沙，然后将蚕网平铺在蚕匾上，接着给叶，使蚕儿爬上网吃桑，即可进行除沙。

大蚕饲养的主要技术措施是什么？

其一，改善环境，注意通风防闷。

其二，搭棚遮阴，防止热空气进入蚕室。

其三，蚕座疏放、低放、勤喂薄饲（少食多餐）。

其四，保证桑叶的数量和质量，防止蚕食下老硬叶、过嫩叶、营养不良叶和水分不足叶。

蚕何时上蔟？

蚕五龄饱食后，经6至8天，食桑渐减，体色由青白色转为蜡黄色，排软粪，随后停止食桑，排出大量绿色软粪，胸部透明，头抬高频频摆动寻找结茧位置，这时就要及时捉蚕或引蚕上蔟。

上蔟方法有哪几种？

上蔟方法有两种：一是人工捉蚕上蔟（也叫人工拾取法）；二是自动上蔟法。人工上蔟法是人工用手将熟蚕捉放到蚕蔟上。大蚕地面育可采用自动上法，即在盛熟期，将方格蔟平放在蚕座上，待熟蚕自动爬上来。

怎样做好蔟中管理？

熟蚕背光性强，排泄粪尿量大，上蔟后吐丝结茧前，要保持蔟室光线稍暗均匀，避免熟蚕局部过密。上蔟后的第二天，当大多数熟蚕已经定位营茧，要将少数未找到位置而仍在蔟上爬游的蚕捉开另行上蔟，并打开门窗，通风排湿。蔟中保持的温度在25℃左右，干湿差3℃至4℃。如遇低温，应适当加温排湿。

何时采茧？

熟蚕上蔟吐丝以后6天左右，当蚕已化蛹，体为棕黄色时，是采茧的适期。

怎样采茧？

按上蔟顺序先上先采，采时先摘除死蚕烂茧，再采好茧，好茧、次茧、薄烂等分别存放。

采茧后怎样处理？

采下的鲜茧应尽快出售，防止蚕茧堆积发热。采茧最好用箩筐放置，以利于通风换气，尽量避免用编织袋或布袋（尤其是化肥袋）装茧。

除此以外，养蚕还要注意防病毒、防鼠害，时刻注意消毒，确保蚕不受伤害。

贯通中西的丝绸之路

丝绸之路的由来

在中外交流史上，有一条著名的丝绸之路。

丝绸之路缘起于中国的政治、经济、文化中心古都长安（现西安）。它跨越陇山山脉，穿过河西走廊，通过玉门关和阳关，抵达新疆，沿绿洲和帕米尔高原通过中亚、西亚和北非，最终抵达非洲和欧洲。它是东西方经济、政治、文化交流的主要道路。

在这条贯穿亚欧的大道上，最著名的商品就是中国的丝绸。品种繁多的丝、绸、绫、缎、绢等丝制品，源源不断地运

向中亚和欧洲，因此希腊、罗马人称中国为赛里斯国，称中国人为赛里斯人。所谓"赛里斯"就是"丝绸"之意。

19世纪末，德国地理学家李希霍芬首次提到了"丝绸之路"，特指从公元前114年到公元127年，中亚地区与中国之间以丝绸贸易为媒介的西域交通路线。

后来，史学家把沟通中西方的商路统称丝绸之路。因其上下跨越历史两千多年，涉及陆路与海路，所以按历史划分为先秦、汉唐、宋元、明清四个时期，按线路有陆上丝路与海上丝路之别。陆上丝路因地理走向不一，又分为"北方丝路"与"南方丝路"。

丝绸之路上交易的商品琳琅满目，因此又被称为"皮毛之路""玉石之路""珠宝之路"和"香料之路"等。

隋唐时期，丝路空前繁荣，胡商云集京师长安，定居者数以万计。唐中叶，战乱频繁，丝路被阻，贸易规模远不如前，海上丝路逐渐取而代之。

北方陆上丝路指由黄河中下游通达西域的商路，包括草原森林丝路、沙漠绿洲丝路。前者存在于先秦时期，后者繁荣于汉唐。

沙漠绿洲丝路延续千余年，沿线文物遗存多，是丝路的主干道，全长7000多千米，分东、中、西三段。

草原森林丝路从黄河中游北上，穿蒙古高原，越西伯利亚平原南部，至中亚分两支，一支西南行达波斯转西行，另一支西行翻拉尔山越伏尔加河抵黑海滨。两路在西亚辐合抵地中海沿岸国家。

南方丝路古道也称"蜀身毒道",总长 2000 千米,是中国最古老的国际通道,早在 2000 多年前的先秦就已开发。该道从今日的四川起始,经云南的昭通、曲靖、大理,从保山地区进入缅甸、泰国到达印度、阿拉伯半岛。

丝绸之路因丝而得名,也因丝而名扬天下。

细说丝绸之路

经典的丝绸之路

在丝绸之路的开拓史上,第一功臣非张骞莫属。

汉武帝时,张骞先后两次出使西域,换来了中原和西域乃至亚非欧的亲密接触,也带来了一条繁荣的沟通中西的商贸之路。

随着公元前 60 年,西汉设立西域都护,总管西域事务,西域成为丝绸之路上的繁荣之地。

东汉时,班超重新打通隔绝 58 年的西域,加强了西域与内地的联系。班超是东汉的西域都督,甘英是班超的部下。当时在东汉和大秦之间的安息国阻隔了双方的交通,因此两国想通过出使的方式直接交往,因此班超派甘英出使大秦(罗马),但甘英只到达波斯湾沿岸。据史书记载,甘英是第一个到达波斯湾的中国人。班超首次将丝路从西亚一带打通延伸到欧洲。166 年,大秦使臣来到洛阳,这是欧洲国家同中国的首次直接交往。

这条道路,由长安,经过河西走廊,然后分为两条路线:一条由阳关,经鄯善,沿昆仑山北麓西行,过莎车,西逾葱岭，出大月氏，至安息，西通犁靬(jiān，今埃及亚历山大，公元前30年被罗马帝国吞并)，或由大月氏南入身毒（印度）；另一条出玉门关，经车师前国，沿天山南麓西行，出疏勒，西逾葱岭（今帕米尔高原地区），过大宛，至康居、奄蔡（即咸海、里海北部）。

神秘的南方丝路

南方陆上丝路即"蜀身毒道"，因穿行于横断山区，又称高山峡谷丝路。大约公元前4世纪，中原群雄割据，蜀地（今川西平原）与身毒间开辟了一条丝路，延续两个多世纪尚未被中原人所知，所以有人称它为"秘密丝路"。直至张骞出使西域，在大夏发现蜀布、邛竹杖系由身毒转贩而来，他向汉武帝报告后，元狩元年（公元前122年），汉武帝派张骞打通"蜀身毒道"。

南方丝路由三条道组成，即灵关道、五尺道和永昌道。

丝路从成都出发分东、西两支：东支沿岷江至僰道（今四川宜宾），过石门关，经朱提（今云南昭通）、汉阳（今贵州赫章）、味（今云南曲靖）、滇（今云南昆明）至叶榆（今云南大理），是谓五尺道；西支由成都经临邛（今四川邛崃）、严关（今四川雅安）、莋（今四川汉源）、邛都（今四川西昌）、盐源、青岭（今云南大姚）、大勃弄（今云南祥云）至叶榆，称之灵关道。两线在叶榆会合，西南行过博南（今云南永平）、嶲唐（今云南保山）、滇越（今云南腾冲），经掸国（今缅甸）至身毒。在掸国境内，又分陆、海两路至身毒。

南方陆上丝路延续两千多年，特别是抗日战争期间，大后方出海通道被切断，沿丝路西南道开辟的滇缅公路、中印公路运输空前繁忙，成为支援后方的生命线。

了不起的海上丝路

汉武帝以后，西汉的商人常出海贸易，开辟了著名的海上丝绸之路。

海上丝绸之路，是中国与世界其他地区之间海上交通的路线。中国的丝绸除通过横贯大陆的陆上交通线大量输往中亚、西亚和非洲、欧洲国家外，也通过海上交通线源源不断地销往世界各国。

后来，中国著名的陶瓷经由这条海上交通路线销往各国，西方的香料通过这条路线输入中国，一些学者因此称这条海上交通路线为"陶瓷之路"或"香瓷之路"。

海上丝路起于秦汉，兴于隋唐，盛于宋元，明初达到顶峰，明中叶因海禁而衰落。海上丝路的重要起点有番禺（今广州）、登州（今山东烟台）、扬州、明州、泉州、刘家港等。其中规模最大的港口是广州和泉州。

历代海上丝路，总体上可分三大航线：东洋航线由中国沿海港至朝鲜、日本；南洋航线由中国沿海港至东南亚诸国；西洋航线由中国沿海港至南亚、阿拉伯和东非沿海诸国。

广州、泉州在唐、宋、元时，侨居的外商多达万人乃至十万人以上。

互通有无，共享富足

正如"丝绸之路"的名称，在这条逾7000千米的长路上，丝绸与同样原产中国的瓷器一样，成为当时东亚强盛文明的象征。各国元首及贵族曾一度以穿着用腓尼基红染过的中国丝绸、家中使用瓷器为富有荣耀的象征。

随着丝绸之路的开辟，商队从中国主要运出金器、银器、铁器、镜子和其他豪华制品，运进中国的则是稀有动物和鸟类、植物、皮货、药材、香料和珠宝首饰。与此同时，中国的造纸和印刷术、凿井技术等也都传播到西域和世界各地。

此外，东汉时，佛教传入西域地区。除了佛教，拜火教、摩尼教和景教也随着丝绸之路来到中国，赢得了很多人的信仰，并沿着丝绸之路的分支，传播到韩国、日本与其他亚洲国家。

而东方民族的文化物资的诱惑，最终也间接刺激了欧洲海权兴起。

丝绸路上好去处

丝绸之路是沟通古代中西方政治、经济、文化和思想的一条大动脉，也是原始的国际旅游"原生带"。

丝绸之路全长 7000 多千米，在我国境内经过陕西、宁夏、甘肃、青海和新疆五个省区。中国段丝绸之路长达 4000千米，沿途有兵马俑、法门寺、敦煌莫高窟等历史文化古迹以及青海湖、罗布泊雅丹地貌、天池等壮丽多样的自然景观，吸引着大批来自全世界的游客前来参观游览。

现在就让我们漫步丝绸路，细细回味丝绸路上的艰辛与光荣吧！

甘肃篇

炳灵寺石窟：作为中国六大石窟之一的炳灵寺石窟，始建于东晋十六国时期。现存窟龛 216 个，石雕、泥雕佛像 815 身，壁画约 1000 平方米，浮雕佛塔 56 座，距今已有 1600 多年历史。这里保存有中国石窟最早期、中期和最晚期的壁画和石雕，见证了佛教在中国发展兴衰的全过程以及汉传佛教和藏传佛教两种艺术的更替繁荣，是我国石雕艺术延续时间最长的石窟之一。

张掖大佛寺：始建于西夏永安元年（公元 1098 年），是我国现存规模最大的西夏寺院建筑。主体建筑大佛殿内有一尊泥塑卧佛，身长 34.5 米，为全国最大。

嘉峪关城楼：嘉峪关是明代万里长城西端的重关，位于河西走廊的中部，建于明代洪武五年（公元 1372 年），由外城、内城、瓮城、罗城、城壕等组成，号称"天下第一雄关"。

敦煌莫高窟：俗称"千佛洞"，位于甘肃河西走廊西端，敦煌城东南 25 千米处，创建于前秦建元二年（公元 366 年）。莫高窟是集建筑、彩塑、壁画为一体的文化艺术宝库，是中华民族的历史瑰宝，人类优秀的文化遗产。1961 年被国务院列为第一批全国重点文物单位。1987 年被联合国教科文组织列入"世界文化遗产"名录。

鸣沙山、月牙泉：位于敦煌城南 5 千米处，沙泉共处，妙造天成，堪称"沙漠奇观"。

敦煌雅丹国家地质公园：位于敦煌市西北约 180 千米处，玉门关西北约 100 千米处。公园面积 398 平方千米。它主要

由风蚀作用形成的雅丹地貌景观构成。地质公园内集中连片地分布着各种各样造型奇特的风蚀地貌，例如"蒙古包""骆驼""石鸟""石佛""石马"等，千姿百态，惟妙惟肖。它宛如一座中世纪的古城，世界许多著名的建筑都可以在这里找到它的缩影，令世人瞠目。夜幕降临之后，尖厉的劲风发出恐怖的啸叫，犹如千万只野兽在怒吼，令人毛骨悚然，也因此得名"魔鬼城"。

玉门关：位于敦煌市西北的大漠戈壁上，是丝绸古道西出敦煌进入西域的两大关口之一，俗称"小方盘城"。玉门关知名度极高，历史久远。

阳关：阳关在玉门关之南，因此得名。与玉门关同为古代著名的西部边关，同是汉武帝时所置，兴盛了1000多年。阳关也是古代"丝绸之路"通向西方的门户。

天水麦积山：麦积山石窟因山体呈麦垛状而得名。现存后秦（公元384年）以来12个朝代的197个洞窟，以石窟佛像雕塑精美、传神而著称，被誉为"东方雕塑馆"，与莫高窟石窟、龙门石窟、云岗石窟并称为"中国四大佛教石窟"。

酒泉卫星发射基地：地处酒泉市东北210千米处的巴丹吉林沙漠深处，是中国建设最早、规模最大的卫星发射中心，也是各种型号运载火箭和探空气象火箭的综合发射场。

青海篇

青海湖：中国最大的咸水湖泊，面积约4500平方千米，比我国最大的淡水湖鄱阳湖还大1000多平方千米，因而也是全国最大的湖泊。它浩瀚缥缈，波澜壮阔，是大自然赐予青海高原的一面巨大的宝镜。

鸟岛：位于青海湖西北角，面积不足1平方千米，因岛上栖息着数以万计的候鸟而得名。每年 4 月来自中国南方云贵一带及印度洋岛国的斑头雁、鱼鸥、棕头鸥等十多种候鸟在此筑巢栖息。每年 5、6 月份是观鸟的最好季节。

日月山：日月山古称"赤岭"，位于青海湖东南，属祁连山山脉，是青藏高原的门户。早在唐代就成为"唐蕃古道"的重要驿站和"南方丝绸古道"的必经之地。相传公元 641 年，文成公主为了增进汉藏民族的团结和进步，赴藏和亲，途经赤岭时曾抛"日月宝镜"于山上，人们为纪念文成公主，从此把赤岭称为日月山。

塔尔寺：与西藏的甘丹、哲蚌、色拉、扎什伦布寺和甘南的拉卜楞寺并称为"藏传佛教格鲁派六大寺"，是格鲁派创始人宗喀巴诞生的地方。壁画、堆绣和酥油花为塔尔寺的艺术三绝。

宁夏篇

西夏陵：陵区位于银川市西郊贺兰山北麓。在方圆50平方千米的岗阜丘垄上，布列着九座西夏历代帝王陵园和两百多座官僚贵戚的陪葬墓，被称为"中国的金字塔"。

沙湖自然风景区：位于银川市北56千米处的西大滩上，这里有660多公顷的湖泊，湖南又有300多公顷的沙海，湖

润金沙，沙抱翠湖，是一处集江南秀丽与北国雄浑为一体的独特自然景观，湖中芦苇丛生，鱼鸟成群。

贺兰山岩画：位于贺兰山西麓，距银川市35千米处，是一部记载我国古代游牧民族的史书，其图案清晰，诸如图腾、生殖与崇拜等，是我国岩画艺术之瑰宝。

新疆篇

天池：天然的高山湖泊，坐落在博格达峰半山腰，海拔1980米，湖面呈半月形，面积4.9平方千米。天山天池风景区以高山湖泊为中心，雪峰倒映，云杉环拥，碧水似镜，风光如画，古称"瑶池"。

赛里木湖：新疆最大的高山湖泊，湖呈卵圆形，为一周围封闭的内陆湖。

葡萄沟：位于吐鲁番城东北角，是火焰山西侧的一个峡谷，有葡萄田210多公顷，世代以种植瓜果为业，气候凉爽宜人，堪称火州"明珠"，避暑胜地。

火焰山：自东面西，横亘在吐鲁番盆地中部，为天山支脉之一。亿万年间，地壳横向运动时留下的无数条褶皱带和大自然的风蚀雨剥，形成了火焰山起伏的山势和纵横的沟壑，在烈日照耀下，犹如大火烈焰腾腾燃烧，故而得名。《西游记》中的火焰山即指此地。

高昌故城：是世界上保存最完整的古城，建于公元前7世纪，距今已有2700多年的历史，初称"高昌壁"，为"丝路"重镇，分内城、外城、宫城三重。唐代高僧玄奘西游取经，曾到高昌国讲经一月余，讲经台至今犹存。

喀纳斯风景区：位于新疆阿勒泰地区布尔津县境内。与

蒙古、俄罗斯、哈萨克斯坦接壤。喀纳斯生物组合奇异，生态系统独特，集冰川、冻土、高山、河流、湖泊、森林、草原等自然景观于一体，既具北国风光，又具江南秀色。

丝绸之路上的里程碑

丝绸之路的开路人——张骞

时势造英雄

说到丝绸之路的开通，有一个人是值得大书特书的，他就是勇敢、智慧的探险家、旅行家和外交家张骞。

张骞是西汉时汉中成固（今陕西城固县）人。据史书记载，他"为人强力，宽大信人"，意思是说他坚忍不拔、心胸开阔，并能以信义待人。

当时，北方的匈奴非常强大。匈奴是一支强大的游牧民族，其国王称"单于"。楚汉战争时期，冒顿单于乘机扩张势力，相继征服周围的部落，控制了中国东北部、北部和西部广大地区，并且经常侵占汉朝的领土，骚扰和掠夺中原居民。

武帝刘彻即位不久，从来降的匈奴人口中得知，在敦煌、祁连一带曾住着一个游牧民族大月氏，后来被匈奴打败，被迫西迁。但他们不忘故土，一直期盼能有人联合，反击匈奴。于是，汉武帝下令选拔人才，出使西域，联合大月氏。

汉代的所谓"西域"，有广义和狭义之分。广义地讲，包括今天中国新疆天山南北及葱岭（即帕米尔）以西的中亚、西亚、印度、高加索、黑海沿岸，甚至达东欧、南欧。狭义地讲，则仅指敦煌、祁连以西，葱岭以东，天山南北，即今天的新疆地区。

满怀抱负的张骞，挺身应募，踏上了艰险的征途。

艰苦开拓路

武帝建元二年（公元前138年），张骞奉命率领一百多人，从陇西（今甘肃临洮）出发。一个归顺的"胡人"、家奴堂邑父，自愿充当张骞的向导和翻译。他们西行进入河西走廊时，不幸碰上匈奴骑兵队，全部被抓获。

匈奴单于软化、拉拢张骞，企图让他放弃使命，但是张骞"持汉节不失"，心中始终牢记汉武帝的嘱托。就这样，张骞等人在匈奴一留就是十年。

元光六年（公元前129年），张骞趁匈奴人不备，果断带着匈奴族妻儿和随从，逃出了匈奴王庭。

不过，在留居匈奴期间，西域的形势已发生了变化。月氏人受到乌孙人的攻打，再次从伊犁河流域西迁至咸海附近的妫水地区，另建家园。

张骞大概了解到这一情况，便折向西南，进入焉耆，再溯塔里木河西行，过库车、疏勒等地，翻越葱岭，直达大宛（今乌兹别克斯坦费尔干纳盆地）和康居（今乌兹别克和塔吉克境内），最终到达大月氏。途中，许多随从饥寒交迫，献出了生命。

不料，这时大月氏人因为生活富足安定，无意再联合抗击匈奴。一年后，失望的张骞一行动身回国。路上，他们再次被匈奴人扣留了一年多。直到元朔三年（公元前126年）初，军臣单于去世，张骞才趁匈奴内乱逃回长安。

西域所得意义非凡

张骞首次出使西域历时十三年，虽没有完成任务，但是收获依然无可估量。

此前，秦汉时期的疆域最西也不过临洮，玉门之外的广阔西域不在中国政治文化势力之内。张骞的出使将中国的影响直达葱岭东西。自此，不仅现今中国新疆一带同内地的联系日益加强，而且中国同中亚、西亚，以至南欧的直接交往

也建立并密切起来。

张骞出使西域的过程也是一次卓有成效的科学考察。张骞不仅亲自访问了位处新疆的各小国和中亚的大宛、康居、大月氏和大夏诸国，而且从这些地方又初步了解到乌孙（巴尔喀什湖以南和伊犁河流域）、奄蔡（里海、咸海以北）、安息（即波斯，今伊朗）、条支（又称大食，今伊拉克一带）、身毒（又名天竺，即印度）等国的许多情况。

回长安后，张骞将所见所闻向汉武帝作了详细报告，这些内容被载入司马迁的《史记·大宛传》。这是当时世界上对于这些地区的最翔实可靠的记载，至今仍是世界上研究上述地区古地理和历史的珍贵资料。

二次出使再立新功

元狩元年（公元前 122 年），张骞曾派四支探索队伍对西南地区进行探访和考察。

元狩四年（公元前 119 年），张骞第二次奉命出使西域，希望招乌孙东返回敦煌一带，与汉共同抵抗匈奴，同时与西域各族加强友好往来。

张骞率领 300 人组成的使团，携带牛羊万头，金帛货物价值"数千巨万"，到了乌孙，游说乌孙王东返，没有成功。他又分遣副使持节到了大宛、康居、月氏、大夏等国。元鼎二年（公元前 115 年），张骞回汉，乌孙派使者几十人随行到了长安。

此后，汉朝派出的使者还到过安息、身毒、奄蔡、条支

和犁**轩**。安息等国的使者也不断来长安访问和贸易。从此，汉与西域的交通建立起来。

张骞出使西域的贡献

由于张骞等人的沟通，汉朝和西域的经济文化交流频繁。西域的葡萄、核桃、苜蓿、石榴、胡萝卜和良马、地毯等传入内地，而汉族的铸铁、开渠、凿井等技术和丝织品、金属工具等也传到了西域，促进了西域的经济发展。

张骞出使西域，接触到西域各国的风土人情，使汉朝开始对西域各国有所了解，进而建立友好的关系。

公元前60年，西汉政府设置了西域都护府，总管西域事务，保护往来的商旅。从此，新疆地区正式归在中央政权的统治下。

张骞不畏艰险，两次出使西域，沟通了中国同西亚和欧洲的通商关系，中国的丝和丝织品，从长安往西，经河西走廊（今新疆境内）运到安息，再从安息转运到西亚和欧洲的大秦，开拓了历史上著名的"丝绸之路"。

公元前105年，使者沿着张骞的足迹，来到了今天的伊朗境内，并拜见了当时安息国国王。汉朝使臣在君主的脚下展开了华丽光洁的丝绸，国王非常高兴，以鸵鸟蛋和一个魔术表演团回赠汉武帝。这标志着连接东方的中国和西方的罗马帝国的丝绸之路正式建立。在之后的岁月中，不论在东方还是在西方，张骞的名字都被人们牢记。

复兴丝绸之路的伟人——班超

前文已提到，在开拓丝绸之路的历程上，还有一位和张

骞齐名的探险家、军事家——班超，他最有名的一句话就是：
"不入虎穴，焉得虎子？"

投笔从戎酬壮志

汉明帝永平五年（公元62年），班超的哥哥班固当了官，班超和妈妈也跟着哥哥到了洛阳。可是，班固官位不高，班超只能靠替官府抄写文书来维持生计。

枯燥乏味的工作让班超每每愁烦。有一天，他扔下手里的笔，慨叹说："大丈夫怎么能在这里抄抄写写？看看张骞他们，开疆辟壤，建功立业，最后能加官晋爵，那才活得有意义！"

胸怀远大抱负的班超在永平十六年（公元73年），随奉车都尉窦固出兵北征，攻打匈奴，平定西域，准备恢复丝绸之路。

班超出使西域

经过短暂而认真的准备之后，班超就和郭恂率领 36 名部下向西域进发了。

班超先到鄯善（今新疆罗布泊西南）。刚开始，鄯善王对班超等人非常尊敬，态度热情，很快，他们的态度就变得冷淡了。班超非常敏感，就悄悄把接待他们的侍者找来询问。原来，他们刚到不久，匈奴的使者也来了，所以鄯善王的态度变了。

知道了情况，班超立即召集手下饮酒。饮到高兴时，他告诉大家目前的险境，发出了"不入虎穴，焉得虎子"的豪言壮语，号召大家拼死一搏，赢得主动。大家一致响应，迅速行动，一举歼灭了所有匈奴使者。

面对匈奴使者的首级，鄯善王大惊失色。班超好言安慰，说服鄯善王归附了汉朝。

后经过窦固的举荐，皇帝钦点班超出使西域。

功业既成

智勇双全的班超很快就在西域建功，消除了匈奴的势力，先后使于阗（今新疆和田）和疏勒（今新疆喀什市）归附汉朝。

公元 75 年，汉明帝去世，焉耆（今新疆焉耆回族自治县）、龟兹、姑墨（今新疆温宿、阿克苏一带）等国纷纷叛乱。

　　班超顶住压力，联合疏勒等力量，排除万难，经过卓绝的努力，用将近 20 年的时间，使西域 50 多个国家全都归附了汉王朝，稳定了西域的局势，也实现了自己立功异域的理想。

　　自此，汉朝在西域重设都护，丝绸之路也重新得以恢复。

　　此外，班超还派遣手下甘英出使大秦，但甘英只到达了波斯湾。由此，丝路从西亚一带打通延伸到欧洲，这是目前丝绸之路的完整路线。

　　和帝永元七年（公元 95 年），朝廷下诏表彰班超，封其为定远侯，后人也因此称班超为"班定远"。

　　张骞开拓了丝绸之路，班超重新恢复了丝绸之路的繁荣，他们的卓越成就也将随同丝绸之路被写入历史。

缫丝
——化平凡为神奇的独特技艺

就像前面嫘祖的传说中讲到的，原来被当成果子的蚕茧咬不破、煮不烂，煮来煮去，反倒搅出许多白丝来，这就是蚕丝，而将蚕茧抽出蚕丝的工艺就是我们要讲的缫丝。

现在我们已经知道，嫘祖不过是养蚕缫丝的代表，真正发现蚕的特性，进而发明缫丝法的是普通的劳动人民。不过，具体的时间已经无从考证。从出土的商代丝织物可以推断出，当时已出现装有锭轮的手摇纺车雏形，可见缫丝技术已有较高水平。江西贵溪崖墓中曾出土一批春秋时期的纺织工具，其中有缫丝器三件和陶制锭轮（今线轴）两件。

到了周代，人们靠振动茧子，在温水中引出丝绪。所谓"夫人缫，三盆手"，就是三淹时用手振之，以引绪缫丝。"扩为茧，组为袍"，是说西周时已用茧衣制作丝绵袍，实物在辽宁朝阳已有出土。

现有的资料显示，周代已有选茧、剥茧、缫丝等工序之分。选茧是剔去霉烂和小茧，剥去茧衣作为丝绵，当蚕茧形

成后，蚕农会及时用浮缴法或煮茧的方法，理出丝绪，进而织造。

战国秦汉时期沸水煮茧已很普遍。到魏晋南北朝时，手摇纺丝车上已安装纺锭，固定卷绕并捻丝。据称，当时出产的丝"柔顺如凝有，白如伊雪"。

唐代以前的史书记载，使用的缫车是普及了的手摇式缫丝车。

宋代缫丝技术发展较快，出现了较为复杂的脚踏缎车，从此缫丝者可以腾出双手来进行索绪、添绪等工艺，生产效率大为提高。缫丝时，人们对所用水质较为重视，温度也掌握在80℃左右，使细泡微滚。同时将缫出的蚕丝随即用火烘干，以利后道工序及保持丝色鲜洁。

元代缫丝工艺又有进步。在鲜茧干燥处理上，出现了日晒、盐绝和笼蒸等三种方法，其中笼蒸法最好，是元代首创。当时的缫车有南北之分，其中北方的缫车结构更为合理。缫丝技法方面，经南北交融互补，统一了工艺要求，即"缫丝之诀，唯在细、圆、匀、紧，使无偏、慢、节（接头）、核（疙瘩）、粗恶不匀也"。缫丝水温分热釜和冷盆两种，其中冷盆水温和现在缫丝相近，速度略慢，但质量高，丝坚韧。

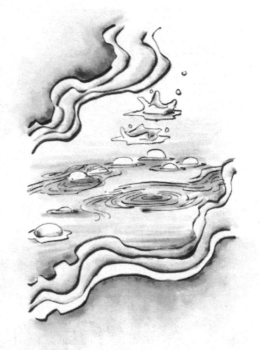

到明代，北方的缫车与冷盆相结合成为后代缫丝技术的主流，脚踏缫车已普遍应用，效率更高。工艺上，明代注意制丝用水的选择。当时，浙江的湖丝，由于太湖流域自然条件优越和蚕种优良等原因，闻名于世，具有细圆匀紧、白净柔韧等特点，其关键在于水质、茧质和缫制技术。

清代沿用前朝脚踏续丝车制式，无重大改革，但十分重视缫丝技术及传统经验，以提高生丝产量和质量。晚期机械缴丝工业兴起后，厂丝产量质量都有很大提高，且用蒸汽煮茧，相对于手工缫制的土丝，优点较为明显。

正是代代沿袭，不断更新完善，中国的缫丝技艺得以一直处于世界领先地位。

缫丝工艺一点通

现在，如果去江南古镇游览，经常可以看到一些老式的手工作坊，那里有专门的表演者展示传统的缫丝技艺。她们敏捷的身手极富美感，让人对她们倍生敬意，也对丝绸更感亲切。

缫丝工艺过程通常包括煮熟茧的索绪、理绪，茧丝的集绪、拈鞘、缫解、添绪和接绪，生丝的卷绕和干燥等。

索绪

是将无绪茧放入盛有 90℃ 左右高温汤的索绪锅内，使索

绪帚与茧层表面相互摩擦，寻找到茧的头绪——丝绪。索得绪丝的茧子称为有绪茧。

理绪

除去有绪茧茧层表面杂乱的绪丝，理出正绪。理得正绪的茧叫正绪茧。

集绪

将若干粒正绪茧的绪丝合并，经接绪装置轴孔引出，穿过集绪器（又称磁眼），集绪器具有减少丝条水分、减少颣节和固定丝鞘位置等作用。

拈鞘

丝条通过集绪器、上鼓轮、下鼓轮后，利用本身前后两段相互拈绞成丝鞘。

缫解

把正绪茧放入温度 40℃ 左右的缫丝汤中，以减少茧丝间的胶着力，使茧丝顺序离解。在离解过程中，茧丝会因为强力小于其间的胶着力而断头，这叫落绪。

添绪和接绪

当茧子缫完或中途落绪时，为保持生丝的纤度规格和连续缫丝，需将备置的正绪茧的绪丝添上，称为添绪。

卷绕和干燥

由丝鞘引出的丝必须有条不紊地卷绕成一定的形式，卷绕时要进行干燥。

很多年前，日本拍摄过一部电影《野麦岭》，讲述的就是早期日本缫丝女工的艰苦生活。里面有许多场景再现了缫丝

的过程，但那个时候已经半机械化了。也就是说，在自动缫丝机上，除了上述各项程序外，新茧的补给、给茧、纤度感知、添绪以及落绪茧的收集、输送和分离等，都是由机械来完成。

你不了解的丝绸

你可能不会相信，古人穿着丝绸要早于棉布衣裳。在经过了兽皮麻布之后，人们发现了柔软的丝绸。然而，丝绸的获得十分艰辛，所以逐渐变成了贵族阶层的专属，而普通人则获得了棉线布衣。

丝绸和瓷器一样，是中国的名片，代表了中国悠久灿烂的文化。其中，丝绸在服饰上、经济上、艺术上及文化上均散发出灿烂的光彩。

独领风骚的丝绸织造史

专家们根据考古学的发现推测，在距今五六千年前的新石器时期，中国便开始养蚕、取丝、织绸了。到了商代，丝绸生产已经初具规模，且具有较高的工艺水平，有了复杂的织机和织造手艺。

随着战国、秦、汉时代经济大发展，丝绸生产达到了一个高峰，几乎所有的地方都能生产丝绸，丝绸的花色品种也丰富起来，主要分为绢、绮、锦三大类。

锦的出现是中国丝绸史上一个重要的里程碑，它把蚕丝的优秀性能和美术结合了起来。丝绸不仅是高贵的衣料，而且是艺术品，这也大大提高了丝绸产品的文化内涵和历史价值，其影响是很深远的。

到了秦汉时期，丝织业得到了大发展，丝绸的贸易和输出达到空前繁荣的地步。在"丝绸之路"开通后，大量中国丝绸向西运输。

唐朝是丝绸生产的鼎盛时期，无论产量、质量和品种都达到了前所未有的水平。丝绸的生产组织分为宫廷手工业、农村副业和独立手工业三种，规模较前代大大扩充了。同时，丝绸的对外贸易也得到巨大的发展，不但"丝绸之路"的通道增加到了三条，而且贸易的频繁程度也空前高涨，使唐代的财富急剧增加。

宋元时期，随着蚕桑技术的进步，中国丝绸有过短暂的辉煌。不但丝绸的花色品种有明显的增加，特别是出现了宋

锦、丝和饰金织物三种有特色的新品种，而且对蚕桑生产技术的总结和推广也取得了很大的突破。

明清两代，由于资本主义的萌芽与发展，丝绸的生产与贸易也发生了较大的变化，丝绸生产的商品化趋势日渐明显，丝绸的海外贸易发展迅速。江南苏湖一带成为最重要的丝绸产地，发展了一批典型的丝绸专业市镇，官营织造也日趋成熟，此时，中国丝绸发展到了最活跃的时期。但是封建制度对生产力的阻碍也十分突出，晚清时中国丝绸业在苛捐杂税和洋绸倾销的双重打击下，陷入了十分可悲的境地。

中华人民共和国成立后，丝绸业进入了一个新的历史时期。经过多年的努力，中国又争得了在世界丝绸市场上的主导地位，丝绸业成为国家的创汇支柱产业。中国古老的丝绸在改革开放的新形势下，正焕发出新的青春，走向灿烂的未来。

著名的丝织物

马王堆汉墓的惊世发现

湖南省长沙市的东郊有两座土丘，因外形很像马的鞍具，被当地人称作"马鞍堆"，后来讹传为"马王堆"。据一本地方志记载，马王堆是五代十国楚王马殷的家族墓地。

1971年底，当地驻军在马王堆的两个小山坡建造地下医院，施工中经常遇到塌方，用钢钎进行钻探时从钻孔里冒出了呛人的气体，有人用火点燃，出现了一道神秘的蓝色火焰……

这次施工最终带给我们的是一次震惊世界的考古大发现，那就是发现了我们现在熟知的马王堆汉墓。

当时，挖掘不断地给人们带来惊喜，众多的文物一次次

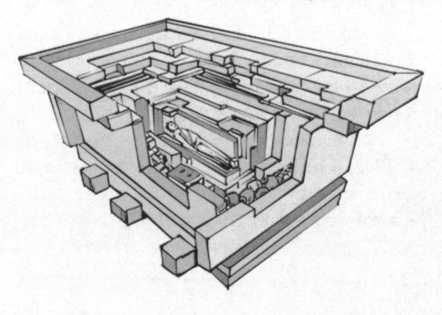

让人们大呼意外。开棺的过程再次出乎人们的意料，庞大的棺材竟然套装有四层，最里面才是安放墓主人遗体的内棺，棺盖上覆盖着一块 T 形的神秘帛画，这幅长达两米并且完好无损的巨幅帛画是中国考古史上的首次发现。

庞大的四层棺材都用上好的木料打造。最外面是庄重的黑漆素棺，没有丝毫装饰。第二层是黑底彩绘漆棺，黑色的底子上用金黄色绘出复杂多变的云气纹，纹路间穿插着 111 个怪兽或者神仙，图案想象力丰富，线条粗犷，洋溢着远古时代的神秘气息。第三层是朱底彩绘漆棺，红色的底子上用绿色、褐色、黄色等各种颜色，描绘出许多代表祥瑞的图案，一共画了六条龙、三只虎、三只鹿、一只凤和一个仙人。与外面的棺材相比，这个棺材显得富丽堂皇。最里面的内棺，棺身涂满黑漆，外面用帛和绣锦装饰。

要见到墓主人的面目，必须先揭开裹在外面的丝绸物品，这一过程耗费了人们整整一个星期的时间。墓主人身上裹了 20 层衣物，有丝绸、麻织品，春夏秋冬的衣服几乎一应俱全。

当墓主人终于得以露出真面容之时，所有在场的人都惊得目瞪口呆：时逾 2100 多年，古尸形体完整，全身润泽，皮肤覆盖完整，毛发尚在，指、趾纹路清晰，肌肉尚有弹性，部分关节可以活动，完全不像一具古尸，是世界上保存最好的湿尸，也是具体表现中国汉朝上层社会文化、生活的活体见证。

后来，研究人员在清理文物时，找到一枚印章，从而知道了墓主人的名字——辛追。结合其他文样，最终，考古学家给出了结论，这是一座西汉墓穴。

不朽的帛画和纺织衣物

马王堆古墓中的文物众多，值得关注的难以计数，而这其中，最让人津津乐道的莫过于1号墓和3号墓内棺上的彩绘帛画。

在中国，战国以前称丝织物为帛，包括锦、绣、绫、罗、绢、**绨**、绮、缣、**紬**等，曾在古代长期作为实物货币使用。

在帛上绘制的图画，叫帛画。马王堆墓出土的帛画保存完整，色彩鲜艳，是不可多得的艺术珍品。

两幅帛画的构图基本一致，全长2米许，均呈T字形，下垂的四角有穗，顶端系带以供张举，应是当时葬仪中必备的旌幡。画面上段绘日、月、升龙和蛇身神人等图形，象征着天上境界；下段绘蛟龙穿璧图案以及墓主出行、宴飨等场面。整个主题思想是"引魂升天"。有人认为，遣策中的

"非衣一长丈二尺",指的就是这种帛画。

两墓帛画的主要差别在于墓主形象,1号墓为女性,3号墓为男性。3号墓棺房悬挂的帛画,西壁保存较好,长2.12米,宽0.94米,绘车马仪仗图像,画面尚存一百多人像、几百匹马和数十辆车;东壁的帛画残破严重,所绘似为墓主生活场面。

丝织品和衣物

马王堆汉墓出土了各种丝织品和衣物,像辛追身上就穿着20层衣服,春、夏、秋、冬四季俱全。这些衣服年代早,数量大,品种多,保存好,极大地丰富了中国古代纺织技术的史料。

1号墓边箱出土的织物,大部分放在几个竹笥之中,除15件相当完整的单、夹棉袍及裙、袜、手套、香囊和巾、袂外,还有46卷单幅的绢、纱、绮、罗、锦和绣品,都以荻茎为骨干卷扎整齐,以象征成匹的缯帛。

3号墓出土的丝织品和衣物,大部分已残破不成形,品种与1号墓大致相同,但锦的花色较多。最能反映汉代纺织技术发展状况的是素纱和绒圈锦。薄如蝉翼的素纱单衣,重不到50克,标志着当时缫纺技术发展的程度。用作衣物缘饰的绒圈锦,纹样具有立体效果,需要双经轴机构的复杂提花机织制,它的发现证明绒类织物是中国最早发明创造的,而过去一直误认为是唐代以后才有或从国外传入的。而印花敷彩纱的发现,表明当时在印染工艺方面达到了很高的水平。

保存较好的麻布,发现于1号墓的尸体包裹之中,用苎麻或大麻织成，仍具相当的韧性，也说明麻织物的制造技术同样达到了相当的高度。

这些精美的丝织物，如今已经成为马王堆汉墓除女尸外，最受关注和喜爱的文物。人们在观赏它们的同时，无不为古代劳动人民的智慧和才能拍手叫绝。

丝绸的奥妙

在古代，丝绸就是指蚕丝织造的纺织品。现代由于纺织品原料的扩展，凡是采用了人造或天然长丝纤维织造的纺织品，都可以称为广义的丝绸，而纯桑蚕丝所织造的丝绸，又特别称为"真丝绸"。

千百年来，丝绸一直受到热捧，除了它的稀有和华丽外，还因为它具备许多其他织物不具备的优点。

相比其他织物，丝绸的舒适感更胜一筹。真丝绸是由蛋白纤维组成的，与人体有极好的生物相容性，加之表面光滑，对人体的摩擦刺激系数在各类纤维中是最低的，仅为 7.4%。因此，滑爽细腻的丝绸能以其特有的柔顺质感，依着人体的曲线，体贴而又安全地呵护我们的每一寸肌肤。

我们的皮肤对干湿的敏感度是非常突出的。丝绸的原料蚕丝蛋白纤维富集了氨基等亲水性基团，加上自身具有多孔性，所以易于水分子扩散，能在空气中吸收水分或散发水分，并保持一定的水分。这样一来，在正常气温下，它可以帮助皮肤保有一定的水分，不会过于干燥；而在夏季穿着，又可将人体排出的汗水及热量迅速散发，使人感到凉爽无比。正是由于这种性能，真丝织品非常适宜在夏季贴身穿着，非常舒适。

丝绸不仅具有较好的散热性能，还有很好的保暖性。因为丝绸具有多孔隙纤维结构，一根蚕丝纤维里有许多极细小的纤维，而这些细小的纤维又是由更为细小的纤维组成的。因此，看似实心的蚕丝实际上有 38% 以上是空心的，在这些空隙中存在着大量的空气，这些空气阻止了热量的散发，使丝绸具有很好的保暖性。

还有分析认为，真丝纤维中含有人体所必需的 18 种氨基酸，与人体皮肤所含的氨基酸相差无几，故又有人类的"第二皮肤"的美称。穿真丝衣服，不但能防止紫外线的辐射，防御有害气体侵入，抵抗有害细菌，而且还能增强体表皮肤细胞的活力，促进皮肤细胞的新陈代谢，同时对某些皮肤病有良好的辅助治疗作用。

除了制作服装,真丝织物也经常被用于室内装饰,如真丝地毯、挂毯、窗帘、墙布等。这是因为它具有较高的空隙率,在吸音与吸气方面可以发挥突出的作用。用真丝装饰品布置房间,不仅纤尘不染,而且安静平和。另外,它还能发挥对温湿度的调控功能,吸附有害气体、灰尘和微生物等,而且真丝纤维的热变性小,比较耐热,属难燃纤维,具有阻燃功能。这样的神奇功能,是不是很难置信?

我们都知道,过多紫外线照射对人体是有害的。但是,蚕丝蛋白中的色氨酸、酪氨酸能吸收紫外线,因此丝绸具有较好的抗紫外线功能。如果穿着丝织物或采用丝织物做装饰物,对人体和生活起居都是大有好处的。不过,丝绸在吸收紫外线后也会付出一定的代价,那就是容易泛黄。

除了上面提到的优点以外,可能很多人还知道丝绸的另一个特别之处。对,摩擦起电。丝绸在和玻璃棒摩擦后,就会使玻璃棒带正电。因为丝绸是不良导电体,所以容易受静电吸附,就是这一点保证了它在冬天能发挥保暖功效。

当然,丝绸并不是完美无缺的。它是强度最大的天然纤维之一,但一旦湿润,会失去20%的强度。它的弹性也偏弱。如果暴露在太阳光下,除了易泛黄外,韧性也会降低。而且一旦弄脏,极容易受昆虫滋扰。

丝绸织造知识 ABC

将生丝作为经丝、纬丝,交织制成丝织品的过程,就是丝织工艺。各类丝织品的生产过程不尽相同，大体可分为生织和熟织两类。生织，就是经纬丝不经炼染先制成织物，即坯绸，然后再将坯绸炼染成成品。这种生产方式成本低，过程短，是丝织生产中运用的主要方式。熟织，就是指经纬丝在织造前先染色，织成后的坯绸不需再经炼染即成成品。这种方式多用于高级丝织物的生产，如织锦缎、塔夫绸等。

在织造前，还需做好准备工作，如使丝胶软化的浸渍、能改善产品性能的并丝和捻丝，还有整经、卷纬等。同时，由于蚕丝吸湿性强，还要做好防潮工作。丝织生产使用的自动化织机主要有用于生产合成纤维长丝织物的喷水织机和用于生产多色纬提花织物的剑杆织机。

丝绸织物从图案纹样上可分为简单的素织和复杂的提花织物两种。

素织物

"素"，顾名思义，就是不"花"，指没有经过任何化妆修饰，由基原组织构成的表面素洁、无花纹的织物。以基原组织为基础，在一个经组织点或一个纬组织点上，沿纵向或横向或同时增加相同经纬

的组织点，使其成为变化组织，这样构成的织物也称为素织物。

平纹变化组织包括经重平、纬重平、方平、变化重平、变化方平，仍保持着平纹组织的特征；斜纹变化组织包括加强斜纹、复合斜纹、山形斜纹、破斜纹、急斜纹、缓斜纹和阴影斜纹，其表面仍保持着斜纹组织的特征；缎纹变化组织则包括加强缎纹、变则缎纹、阴影缎纹。

提花织物

也称花织物。花织物分为小花纹织物和大花纹织物两种。小花纹织物是指应用及联合组织所构成的织物，在织物表面呈现细小花纹或条格。变化组织，就是指在三原组织上的经组织点任意添加组织点形成的组织。而联合组织就是指联合两种或两种以上的基原组织或变化组织而构成的新组织。

大花纹织物简称纹织物，是应用某种组织为地，在其上表现出一种或多种不同组织、不同色彩、不同原料的花纹。

纹织物一个花纹循环的经纬线数很多，可以是几百根甚至数千根，因此只能在提花织机上制织。

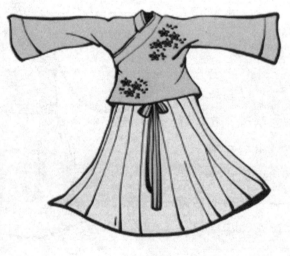

绚丽多彩的丝绸是精致的染整工艺的结晶。

印花工序在丝绸的生产过程中有着举足轻重的地位。因为只有运用染整技术，才能随心所欲地将我们喜爱的花色及图案完美无缺地再现在白坯上，从而使织物更加富于艺术气息。该工艺主要包括生丝及织物的精炼、染色、印花和整理四道加工工序。

庞大的丝织物家族

古代的丝织品基本按织物组织、织物花纹、织物色彩命名。现代丝绸沿用旧名的很多，如绉、绫、绨、绢，也使用了一些外来语，如乔其纱、塔夫绸等。目前，根据丝织品种的组织结构、采用原料、加工工艺、质地、外观形态和主要用途，可分成纱、罗、绫、绢、纺、绡、绉、锦、缎、绨、葛、呢、绒、绸14大类。

纱：全部或部分采用由经纱扭绞形成均匀分布孔眼（即"纱眼"）的纱组织丝织物，也称素纱。

罗：运用罗绸织法使织物表面具有纱孔眼的花素织物，通称罗类丝绸，它的特点是面料风格雅致，质地紧密、结实，纱孔通风、透凉，穿着舒适、凉爽，是夏季的良好衣料。古代就有纱罗织品，《左传·纪事本末》卷五十一中就有关于罗的描述"弱于罗兮轻霏霏"。

绫：应用斜纹组织，绸面呈明显斜向纹路的织品，一般质地轻薄。在古代已用于彩绘、刺绣和锦盒面料。由于表面呈叠山形斜路，"望之如冰凌之理"，故称绫。有的用于书画装裱、锦盒包装，有的用于衣料。

绢：采用平纹组织，质地细腻、平整、挺括的天然丝织物。

纺：采用平纹组织，经纬线无捻或弱捻，质地轻薄、柔软的丝织物。

锦：采用重组织，用多色丝线织成的绚丽多彩的色织提花丝织物。锦是负有盛名的提花绸，古有"织采为文，其价如金"之说。有蜀锦、宋锦、云锦之分。

缎：缎是应用缎纹组织，绸面平滑光亮的织品，品种很多，用途广泛，适用于各种服饰。缎类织物是丝绸产品中加工技术最为复杂，织物外观最为绚丽多彩，工艺水平最为高级的大类品种。日常我们常见的有花软缎、素软缎、织锦缎、古香缎等种类。

绨：采用平纹组织，应用长丝作经，棉或其他纱线作纬，质地粗厚、织纹清晰的丝织物。有素线绨、花线绨之分。

葛：采用平纹组织、斜纹组织及其变化组织，经曲纬疏，经细纬粗，织物表面呈现横向棱纹，质地厚实的丝织物。

呢：采用各种组织，应用较粗的经纬丝线，质地丰厚，有毛感的丝织物。

绒：全部或部分采用起绒组织，表面呈现绒毛或绒圈的丝织物。

绸：绸是丝织品中最重要的一类，是应用平纹或变化组织，经纬交错紧密的织品，其特征是绸面平挺细腻，手感滑挺，用途广泛。"绸"也常常作为丝织品的总称，如丝绸、绸缎，也可用一个字"绸"代表蚕丝织品。也有用人造丝等为原料的，就叫人造丝绸。

绡：采用平纹或假纱组织，质地轻薄，呈现透孔的丝织物。

绉：采用平纹组织或其他组织，应用经纬加强捻等工艺，织物呈现皱纹效应的丝织品。其特征为绸面具顺逆双向皱纹，光泽柔和，手感富有弹性，抗绉效能好。

除了以上的分类，丝绸还有其他不同的分类。按照绸面的表现可划分为数十小类，如双绉、乔其、碧、塔夫、绢纺、罗纹、修花、特染、拉绒和缂丝等。按用途可分为服用绸、装饰类、工业绸和保健绸等，像保健绸指的是医疗用绸（真丝人造血管、人工皮等、绿色绸）等。还有按染色分、按工艺分等。

丝绸的养护、辨伪有讲究

丝绸的养护

现在人们的生活条件好了，审美品位也都有了提高，个性化的服饰选择不胜枚举，但是丝绸织物始终都是衣饰中的高贵者，青睐者众多。既然织物名贵，购买和保养起来自然都要小心。

丝绸中的织锦缎、古香缎、大花软缎、乔其绒、金丝绒、漳绒、妆花缎、金宝地以及轻薄的纱、绡、色织塔夫丝绸等，都不能洗涤而只能干洗。能够洗涤的丝绸织物，在洗涤时要结合其各自特点，使用不同的洗涤方法。

以下是有关丝绸织物养护的几个小常识：

（1）深色的服装或丝绸面料应该同浅色的分开来洗；

（2）汗湿的真丝服装应立刻洗涤或用清水浸泡，切忌用30℃以上的热水洗涤；

（3）洗涤丝绸时，要用酸性洗涤剂或淡碱性洗涤剂，最好用丝绸专用洗涤剂；

（4）最好用手洗，切忌用力拧搓或用硬刷刷洗，应轻揉后用清水投净，用手或毛巾轻轻挤出水分，在背阴处晾干；

（5）应在八成干时熨烫，且不宜直接喷水，并要熨服装反面，将温度控制在100℃至180℃之间；

（6）收藏时，应洗净、晾干、叠放为宜，并用布包好，放在柜中，且不宜放樟脑或卫生球等。

丝绸的鉴别

丝绸分真丝绸与仿丝绸两种，其鉴别方法有：

第一，丝绸织品的编号识别。

丝绸织品的编号是用三位数表示：

第1位数代表织品所用原料的类别：序数1代表桑蚕丝，包括土线、双宫丝、绢丝；2代表合成纤维，包括锦纶、涤纶等；3代表天然纤维混纺；4代表柞丝，包括柞绢丝；5代表人造丝，包括粘胶、醋酯等；6代表两种原料以上交织，包括长丝交织、长丝与短纤交织；7代表被面产品。

第2位数代表大类品名，如绢、纺、绉、绸、缎、锦、绢、绫、罗、纱、葛、绨、绒、呢等。

第3位数则代表丝织品规格的顺序号，大写的英文字母代表织品的产地。如：B北京；C四川；D辽宁；E湖北；G

广东；H 浙江；J 江西；K 江苏；M 福建；Q 陕西；N 广西；S 上海；T 天津；V 河南；W 安徽；X 湖南。

丝织品上都带有标签，从标签上的编号，便可认定产品的原料物成分及产地。

第二，手感目测识别。

观察光泽。真丝绸的光泽柔和而均匀，虽明亮但不刺目。人造丝织品光泽虽也明亮，但不柔和顺目。涤纶丝的光泽虽均匀，但有闪光或亮丝，锦纶丝织品光泽较差，如同涂上了一层蜡质的感觉。

手摸感觉。手摸真丝织品时有拉手感觉，而其他化纤品则没有这种感觉。人造丝织品滑爽柔软，但不挺括。棉丝织手摸较硬而不柔和。

细察折痕。当手捏紧丝织品后再放开时，因其弹性好无折痕。人造丝织品松手后有明显折痕，且折痕难于恢复原状。锦纶丝绢则虽有折痕，但也能缓缓地恢复原状，故切莫被其假象所迷惑。

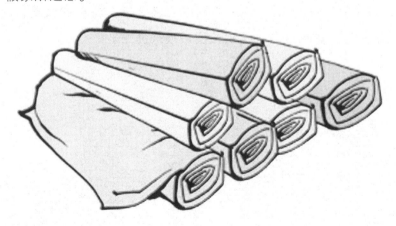

试纤拉力。在织品边缘处抽出几根纤维，用舌头将其润湿，若在润湿处容易拉断，说明是人造丝；如果不在润湿处被拉断，则是真丝；如纤维在干湿状态下强度都很好，不容易拉断则是锦纶丝或涤纶丝。

听摩擦声。由于蚕丝外表有丝胶保护而耐摩擦，故干燥的真丝织品在相互摩擦时会发出一种声响，俗称"丝鸣"或"绢鸣"；而其他化纤品则无声响。

第三，燃烧法。

（1）蚕丝在燃烧时有烧羽毛味，难以续燃，会自熄，灰烬易碎、蓬松，呈黑色。

（2）人造丝（黏胶纤维）燃烧时有烧纸夹杂化学味，续燃极快。灰烬除无光者外均无灰，间有少量灰黑色灰。

（3）棉纶、涤纶燃烧时有极弱的甜味，不直接续燃或续燃慢，灰烬硬圆，呈珠状。

（4）棉和麻都有烧纸的味，灰烬柔软，呈黑灰色。

（5）羊毛燃烧时和蚕丝差不多。目测即可看出二者不同。

掌握了这些妙招，你就可以放心挑选货真价实的丝绸了，穿出舒适，秀出品位，活出美丽，换得健康。

迷人的丝绸文化

为丝绸而战

丝绸著名的光泽外表来自于像棱镜片般的纤维结构，这种布料能够以不同的角度折射入射光，并将光线散射出去，因此色泽美丽，华贵多姿。现在，丝绸还包括人造的、具有与天然丝绸一样光泽的纺织品。

丝绸产生的具体年代已经不可考据，考古学家在1998年河南荥阳青台遗址的一次考古中，发现了距今5000多年的丝绸碎片。不过世界上最具影响力的是中国科学家在1958年考古发现的，距今

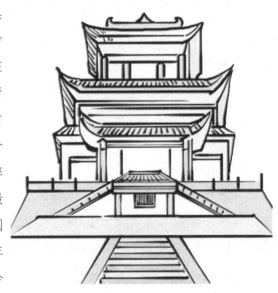

约五六千年的大汶口文化时期的丝绸织品。

丝绸织品技术曾被中国垄断数百年，它特有的手感和光泽令人惊艳和追捧，而秘而不宣、无法破解的制造技术也让外人一筹莫展。如此稀有、神秘又华贵的丝绸，自然受到热捧，在工业革命之前，它始终是世界主要的国际贸易物资，也是中国商人对外贸易中一项必不可少的高级物品。

张骞通西域后，中国的丝绸制品开始传向欧洲。欧洲人把这种质地轻柔、色泽华丽的丝织物看成是神话中、天堂里才有的东西。据西方史书记载，有一次罗马帝王恺撒大帝穿着一件中国丝绸做成的袍服去看戏，绚丽夺目的王服在剧场内外引起了巨大的轰动，许多人情不自禁地赞道："真像是一个美丽的梦！"于是，掀起了一股人们竞相购买丝绸的奢侈之风。

当时中国的丝绸经波斯商人转手销往罗马，其价格贵如黄金。于是罗马人打算与埃塞俄比亚人联合，绕过高价垄断经营的波斯，从海上去印度购买丝绸，然后东运罗马。波斯人得到消息后，便用武力威胁埃塞俄比亚，阻碍他们充当罗马人获取丝绸的中间人。罗马人无奈，只好请与波斯近邻的突厥可汗帮忙调解。

据亨利玉尔写的《古代中国见闻录》中记载，公元 6 世纪，突厥派出了一个由粟特人组成的使团到达波斯，打算与波斯谈判，允许其商队在波斯境内自由通过。然而波斯不肯放弃独占中西丝绸贸易之利，不但拒绝使团的要求，还将粟特商人贩运的丝绢收购后统统烧毁。在突厥派出第二个使团时，波斯人将大部分使团成员毒害致死，这使双方矛盾迅速激化。

公元 571 年，东罗马联合突厥可汗征讨波斯，双方交战 20 年不分胜负，这就是西方历史上著名的"丝绸之战"。

公主的诡计

一方是战争，一方则是巧取。

随着丝绸之路的开拓，丝绸也开始进入西域地区。贵如黄金的丝绸让当地人非常喜欢，也非常向往。他们非常渴望得到养蚕和缫丝技术。但是，当时中原一直有个不成文的规定，那就是不能泄露养蚕的秘密，泄密者将被处以极刑。所以，历朝历代都严防严查，严禁蚕种外传。

东汉时，瞿萨旦那国（即唐代的于阗国，位于今新疆和田附近）的年轻国王想出了一个妙计，想通过通婚的办法，从中原获得蚕种和桑籽。他派使者去东国求婚。这里的东国据考证是当时的北魏。当时中原统治者也考虑到与西域联姻对西北边疆的安全是一种保障，于是答应了来使的请求。瞿萨旦那国王挑选了几个能干的使者和迎亲侍女，叮嘱他们务必密求公主带些蚕种和桑籽作为陪嫁。

公主接到了请求，有所顾虑，担心有损国家利益。但是，想到自己的后代也将穿不上丝绸锦衣，她便有了私心。于是，她在自己的帽子中偷偷藏了蚕种和桑籽。

在通过边关时，迎亲队伍按照规定也接受了检查，但是公主的帽子却没有被检查到。到达瞿萨旦那国，国王在麻射

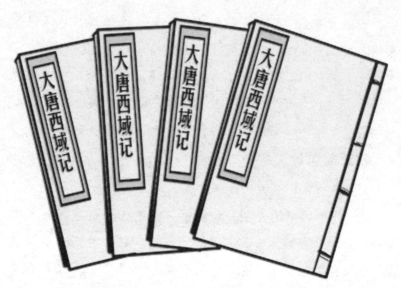

伽蓝故地以隆重的仪式迎接公主。公主将帽子中的蚕种和桑籽交给了国王。从此，瞿萨旦那国开始学习养蚕缫丝，很快，整个西域的蚕丝业迅速发展起来。

这是唐代高僧玄奘经过麻射时听到的故事，他将其写入《大唐西域记》，并且补充说，当时在麻射那座蚕神庙里的几株古桑树，相传就是东国公主带去的种子长成的。

后来，著名的探险家、英国籍匈牙利人斯坦在新疆考古盗掘时，在和阗（今新疆和田地区）附近的丹丹乌里克遗址中发现了一块画版。这幅画的中央画着一位盛装的贵妇人，头上戴着帽子，左右各有一个侍者。左边一位侍女用右手指着贵妇人的帽子。斯坦因认为，这位贵妇人就是将蚕种和桑籽传到西域的东国公主。他的发现，证明了玄奘的记载。

无独有偶，据说西方获得养蚕技术也是通过非正常的途径。

公元 6 世纪，罗马皇帝贾斯汀尼安召见一位到过中国的传教士，命令他去中国窃取养蚕技术。这位传教士在中国的云南窃取了蚕种和桑籽，但是回去后，弄混了蚕种和桑籽。他将蚕种种入地下，却将桑籽当成蚕种放在胸前孵化。结果，一无所获。

后来，贾斯汀尼安重新派了两位精明的传教士以传教为名，再赴中国窃取养蚕技术。这两位传教士吸取了过去的教训，牢记了种植和孵化的方法，把蚕种和桑籽藏在空心手杖里，带回了罗马。从此，西方也得到了养蚕缫丝的技术。

古罗马人眼中的东方丝国

古代罗马人对中国丝绸的迷恋是出了名的。他们狂热地迷恋着中国丝绸，称中国人为"赛里斯"（Seres），就是源于"丝（Ser）"。

他们把通过丝绸之路运来的中国丝绸视为无上珍品，称之为"东方绚丽的朝霞"。但那时西方并不了解丝绸产于何处，更不了解丝绸是怎样织成的。

公元 1 世纪，罗马博物学家老普林尼在其《博物志》中提到赛里斯国，还说该国"林中产丝，闻名世界。丝生于树上，取下湿一湿，即可梳理成丝"。可见，当时欧洲人认为丝是从树上而来的。

希腊一位名叫波金尼阿斯的地理学家则推测，赛里斯人织造绸缎的丝不是植物，而是一种叫塞儿的虫。这种虫像树下结网的蜘蛛一样。他进一步发挥想象，认为赛里斯人冬夏二季，建造房舍蓄养塞儿。塞儿所吐像蜘蛛的细丝，能把足缠起来。先用稷养四年，到第五年才用青芦饲养，这是这种虫最爱吃的食物。虫的寿命只有五年，虫因吃青芦过量，血多身裂而后死，体内即是丝。

到了公元 4 世纪，希腊人又想出了一种会产丝的"羊毛树"，"林中有羊，有人勤加灌溉，梳理出之，成精细丝线，半似羊毛纤维，半似粘质之丝"。

大约在 6 世纪，中国蚕种才被偷偷带到了欧洲。这时他们才搞清楚，丝是由蚕这种虫子天然吐出的，蚕不是吃青芦而是以桑叶为生。此后，"赛里斯"这一称呼也逐渐消失了。但是，在早期西方人眼里，中国和丝绸同样美好。

公元 4 世纪的希腊史学家马尔塞林对中国的评价，更能代表当时西方人对中国的普遍认识。他赞美中国物产的富饶："赛里斯国疆域辽阔，沃原千里……物产也很丰富，有五谷杂粮、干鲜水果、牛羊牲畜，真是应有尽有，品繁而量众……那里的城市较为稀疏，但规模较大，物产丰富，人烟稠密。"他更赞美中国人热爱和平的本性："赛里斯人完全不懂得进行战争和使用武器。赛里斯人最喜欢安静地修身养性，所以他们是最容易和睦相处的邻居。……在他们那里，晴空万里，皓月明朗，气候温和宜人，即使刮风也不是凛冽的寒风，而是和煦的微风。"

这种不加掩饰的赞美，或许是对以中国丝文化为代表的物质文化的极度向往。这和以后西方因热爱中国的瓷器而盛赞中国的做法，有异曲同工之妙。

西方人还没有真正了解中国的古代，对西方人而言中国更多的是一个符号，是富足与文明的象征，是他们眼里华贵美妙又神秘的国度。

被禁止的丝衣

柔美的丝绸是罗马的贵族尤其是贵妇少女们梦寐以求的，她们每每身着半透明的丝衣在大街上炫耀。

那时，古罗马的市场上丝绸的价格曾上扬至每磅约 12 两黄金的天价。这造成罗马帝国黄金大量外流，严重威胁到经济的稳定。这迫使元老院断然制定法令，禁止人们穿着丝衣，而理由除了黄金外流以外，则是丝织品被认为是不道德的——"我所看到的丝绸衣服，如果它的材质不能遮掩人的躯体，也不能令人显得庄重，这也能叫做衣服？……少女们注意到她们放浪的举止，以至于成年人们可以透过她身上轻薄的丝衣看到她的身躯，丈夫、亲朋好友们对女性身体的了解令他们更亲近"。

爱恋丝绸的国家绝不仅仅是罗马，当时与罗马关系密切的埃及也不能幸免。史料记载，埃及最著名的女统治者克丽欧佩特拉也是一位丝绸爱好者。她曾经穿着丝绸外衣接见使节，既展示了

她的美丽，更显示了丝绸的高贵和隆重。

丝绸与礼仪

如今历史剧、穿越剧等古装剧非常受欢迎，人们在关注人物曲折命运、回味历史的同时，也会注意到古人别致的装束和礼仪。

中国是著名的礼仪之邦、衣冠古国，儒家学说对于中国礼仪制度的产生、发展及完善有着深远的影响，中国丝绸的发展在一定程度上也是煌煌礼制的一个缩影。可以说，中国古代的丝绸服饰是"分尊卑、别贵贱"的礼仪制度工具之一，是封建宗法制度的物化表现。

古代帝王所穿戴的服饰具有特殊的标记，需要有一套正规的服饰制度来加以规定，而且必须严格执行。皇帝是万民仰视的真龙天子，身份极其尊贵，他的服饰就是整个服饰制度的准绳和基础。从衣裳配饰到颜色形制，甚至丝线的长度、衣料，都与礼制相关。

据史书记载，在黄帝以前的时代，人们头插羽毛遮蔽酷日，身披兽皮抵挡风寒。到了黄帝时，才开始制作衣裳，并推行于天下。《易经·系辞下》记载："黄帝、尧、舜垂衣裳而天下治，盖取之乾坤。"这里的"垂衣裳"是指缝制衣裳，其中上为衣，下为裳，于是，人身体的上半部和下半部也就都有了衣服。

帝王专用的"标准"服饰出现于周代。当时的纺织、印染技术已经非常发达，为建立完善的服饰制度提供了坚实的物质基础。辅佐成王的周公姬旦，为巩固西周政权，制定了一套较为完整的阶梯式宗法等级制度，以明示官职上朝、公卿外出、后嫔燕居等的上衣下裳各有差等，并对衣冕的形式、质地、色彩、纹样、佩饰等作了详细的明文规定，成为周代礼治的重要内容，等级尊卑十分明显，不允许肆意僭越。

据《周易》记载，周天子在祭天的时候要穿黑色的上衣，赤黄色的裤子。上衣绘有日、月、星、山、龙、华虫等六章，类似于今天的手绘服装，是画工用笔墨颜料直接画在布上的；下裳则用刺绣，有宗彝、藻、火、粉米、黼、黻等六章，共十二章花纹图案。这十二章图案各有其特殊的象征意义：

日、月、星辰，取其照临光明，如三光之耀；

山，取其能云雨或说取其镇重的性格，象征王者镇重安静四方；

龙，能变化而取其神之意，象征人君的随机应变；

华虫，雉属，取其有文章（文采），表示王者有文章之德；

宗彝，是宗庙的一种祭祀礼器，后来在其中绘一虎一蛇，以示王者有深浅之知，也有说取其忠孝之意；

藻，取其洁净，象征冰清玉洁之意；

火，取其光明，火焰向上有率士群黎向归上命之意；

粉米，取其洁白且能养人之意；

黼，绣黑白为斧形，取其能决断之意，黼与斧在发音上相近，古代也有通用的；

黻，绣青与黑两弓相背之形，取其明辨之意。

周以前，帝王服饰即绘绣有上述十二章花纹，到了周代，因旌旗上有日、月、星的图案，服饰上也就不再重复，变十二章为九章。其后的各个朝代，基本延续了十二章纹的传统图案，十二章逐渐成为中国历代帝王的专用纹饰，它是中国古代王权的标志。十二章中的龙和凤，也逐渐为帝王专用，龙成为天子的象征，凤则是至尊女性的代表。

补服——官员的名片

看过戏曲的人，大概对补服都有些印象。代表官员的袍服上就有它的身影。在中国古代服饰制度中，补服是文武百官的等级标志之一，也最能反映丝绸与封建等级制度的密切关系。

补服是一种饰有品级徽识的官服，或称补袍，与其他官服有所不同。主要区别是：补服服饰的前胸后背，各缀有一块形式、内容及意义相同的补子。因此，只要一望补子上的纹样，便可知其人的官阶品位，这有点类似于军官佩戴的军衔。

补子的源头可以上溯至唐代，其源似与武则天以袍纹定品级有关。《太平御览》卷六九二引《唐书》："武后出绯紫单罗铭襟背袍，以赐文武臣，其袍文各有恟。……宰相饰以凤池，尚书饰以对雁，左右卫将军饰麒麟，左右武卫饰以对虎。"

真正代表官位的补服定型于明代。据《明史·舆服志》记载，洪武二十四年（公元1391年）规定，官吏所着常服为盘领大袍，胸前、背后各缀一块方形补子，文官绣禽，以示文明，武官绣兽，以示威武。一至九品所用禽兽尊卑不一，藉以辨别官品。

文官：一品仙鹤，二品锦鸡，三品孔雀，四品云雁，五品白鹇，六品鹭鸶，七品**鸂鶒**，八品黄鹂，九品鹌鹑；武官：一品、二品狮子，三品、四品虎豹，五品熊罴，六品、七品彪，八品犀牛，九品海马；杂职：练鹊；风宪官：獬豸。

除此之外，还有皇帝作为赐服专门赐给特定人物的赐补，有斗牛和飞鱼两种。

从明代出土及传世的官补来看，其制作方法有织锦、刺绣和缂丝三种。早期的官补较大，制作精良，文官补子均用双禽，相伴而飞，而武官则用单兽，或立或蹲。到了清代，文官的补子却只用单只立禽，各品级略有区别，通常是：一品鹤，二品、三品孔雀，四品雁，五品白鹇，六品鹭鸶，七品**鸂鶒**，八品鹌鹑，九品蓝雀；而武官还是用单兽，通常为：一品麒麟，二品狮，三品豹，四品虎，五品熊，六品彪，七

品、八品犀牛，九品海马。

明清官员所用补子都是以方补的形式出现的，与明补相比，清代的补子小而简单，前后成对，但前片一般是对开的，后片则整片织在一起，主要是为了便于穿着。前片官补正好位于清代官服的前胸，为便于解系纽扣，只能将前片对半分开。

在明清两代，受过诰封的命妇（一般为官吏的母亲及妻子）也备有补服，通常穿着于庆典朝会上。她们所用的补子纹样以其丈夫或儿子的官品为准。女补的尺寸比男补要小。凡武职官员的妻、母，则不用兽纹补，也和文官家属一样，用禽纹补，意思是女子以闲雅为美，不必尚武。

现如今，补子已经成为文物收藏的精品，在国际文物拍卖会上非常受欢迎。国际市场上的补子分类十分齐全，有男补女补、方补圆补、文补武补。其中男补贵于女补，武补贵于文补。由于武官着装多僭越品级，所以，武补中较低者如八品犀牛及九品海马几乎难以寻觅，反而价格最为昂贵。

帛——最昂贵的纸张

帛，是过去对丝织品的总称，后来则专用到帛画和帛书。前面提到过马王堆墓出土的帛画，精致地描述了古代贵族的生活和对冥世的想象，成了一个时代的完美记录。而帛书，则是丝绸对历史的另类贡献。

帛书是中国印刷史上不可或缺的一分子。它也是最早的书写材料之一，是纸张的前身。

战国时期就有生丝织成的"帛"。其中单根生丝织物为"缯"，双根为"缣"，而"绢"为更粗的生丝织成。据考古资料，在殷周古墓中就发现丝帛的残迹，可见那个时候的丝织技术就相当发达。而明确提及丝帛用于书画，还是在春秋时期，即《墨子·天志中篇》记载说："书之竹帛，镂之金石。"不过，当时丝帛是为贵族书写及绘画之用，民间则仍用竹简。

到了汉代，蔡伦等人革新发明了造纸术，但是"贵缣帛，贱纸张"，穷人买不起缣帛的使用纸张，而一般宫廷贵族还是习惯于用缣帛。

用作书画的丝帛必须要先施以胶浆，否则书写时会洇，晕染开。而直接从槽中抄出、未经过处理的纸也是会洇的，自古就有"生绡"之称。

丝帛是像织布那样织成，一尺来宽，据说汉代织造的标准长度为四丈，可根据需要随意裁剪。因质地柔软，一般是卷在轴上书写，轴成了硬质的依托。由于拿在手里，线条只能短促而不均匀，所以古人常将绢绡裱在墙壁上书画。因尺幅有限，壁画往往要将绢缝合、拼接。因此，晚唐始用桌子之前，要画相对均匀流畅的长一些的线条，必定是壁上作。后来我们所看到的唐代以前用笔均匀、勾勒精美的画，括号里都老老实实地写着"宋摹"二字。

现在，一些工笔画家仍然喜欢在绢上作画，效果与纸张依然有奇妙的差别。

相对于帛画，帛书的出土同样引人注目。

像马王堆汉墓就发现了大批帛书。这些帛书大部分写在宽48厘米的整幅帛上，折叠成长方形；少部分书写在宽24厘米的半幅帛上，用木条将其卷起。出土时，帛书都已严重破损，经整理，知共有28件。其中除《周易》和《老子》二书有今本传世外，绝大多数是古佚书，也就是失传的图书。此外还有两幅古地图。这是中国考古学上古代典籍资料的一次重大发现。

再比如楚帛书。1942年，楚帛书这件旷世奇珍从一座楚墓中被盗墓者发掘出土。从出土开始，楚帛书的命运就带上了传奇色彩——贱送、被骗、流失出国……到今天成为学者眼中的宠儿。

今天，楚帛主体部分及一块残片远在美国华盛顿赛克勒美术馆，另一块残片则被收藏在湖南省博物馆。楚帛书主体高38.5厘米，宽46.2厘米；湖南省博物馆收藏的残片原为著名考古家及古文字学家商承祚收藏，20世纪90年代，商的家属将其捐赠给了湖南省博物馆。残片最长处约4.6厘米，最宽处约1.7厘米，上有14个字。

楚帛书是书写在丝织品上的一段图文并茂的画及文字，字体是战国时期流行的楚文字，全书共900余字，分两大段，四周有12个图像，旁各附一段文字，四角还有植物枝叶图像。它是目前出土文物中最早的古代帛书，也是一件千古奇绝的书法作品以及体现楚文化充满想象的浪漫主义作品。其内容极为丰富，包括四时、天象、月忌、创世神话等，对研究战国楚文字以及当时的思想文化有重要价值。

随着造纸术的普及，帛书由于昂贵的造价和使用保存的劣势慢慢退出了历史的舞台。但是，它优雅的身姿依旧活跃在画坛，依然因为不期而遇的出土，为历史的空白添枝加叶。

丝绸之乡掠影

在丝绸的生产和发展的过程中，有一些著名的丝绸之乡闻名于世，让我们采撷一二，来领略丝绸之乡的美丽与灵秀。

丝绸的故乡——浙江省湖州市

有人说，湖州是丝绸一直被遗忘的真正的故乡。

湖州丝绸历史悠久，距今已有 4700 多年历史。1958 年，在湖州南郊的钱山漾出土了一批丝线、丝带和没有炭化的绢片。经测定，其年代为距今 4700 多年前的良渚文化早期，这是世界上发现并已确定的最早的丝绸织物成品。现这些绢片已成为浙江丝绸博物馆的镇馆之宝。

湖州丝绸以其

精美绝伦远销国内外，有"衣被天下"之美誉。

唐朝时，湖州丝绸被列为朝廷贡品。有观点认为，唐朝丝绸之路的真正起点在湖州，现如今湖州还保留着骆驼桥等地名，因西域的商人贩卖丝绸都用骆驼托运。

宋元时期，经过嫁接改良的湖桑叶质肥美，也使江南的丝茧产量和质量大为提高。当时有"蜀桑万亩，吴蚕万机"的说法，吴蚕指湖州蚕丝（湖州又名吴兴），而苏州和成都当年则以苏锦和蜀锦闻名。

至明代，湖州周边一带"湖绉"名噪一时。至清朝，山西晋商就以经营湖州丝绸发家，这里面就有乔家大院里的名商乔致庸。

1851年，商人徐荣村寄送的产于湖州的"荣记湖丝"，荣获首届世界博览会——万国工业博览会的大奖，成为中国第一个获得国际大奖的民族工业品牌。1915年，湖丝在巴拿马博览会上再次获奖。当时西洋贵族均以穿湖州丝绸为荣，英国女王身上所穿的就是湖丝长裙。清朝皇帝的龙袍也均以湖州丝绸织造。

丝绸之府——江苏省苏州市

苏州的织造史历史悠久。

苏州在上古时期属九州中的扬州，夏禹时就有丝织品土贡"织贝"一类的彩色锦帛。

春秋时期吴国公子季扎到中原各国观礼时，曾将吴国所产的缟带赠给郑相国子产。据《史记》载：周敬王元年（公元前519年），吴楚两国因争夺边界桑田，曾发生大规模的

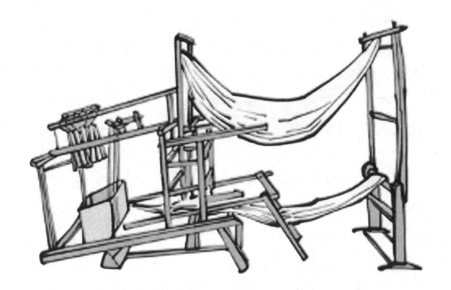

"争桑之战"，说明蚕桑之利在当时经济上的重要地位。

三国东吴时，苏州丝绸已发展成为"瞻军足国"的重要物资。南北朝时，日本使者曾寻求吴织、缝织女工去日本。

隋唐时，苏州属江南东道，丝绸贡品数量最多。

到两宋时期，苏州、杭州和成都为当时闻名全国的三大织锦院。苏州的宋锦最为著名，又称苏锦。缂丝名家沈子蕃、吴子润亦出于苏州。

如今，除了由政府投资的苏州丝绸博物馆之外，苏州千年古街山塘街上还有一家丝绸文化艺术馆供人参观。苏州丝绸依然是市场上的紧俏产品。

丝绸之府——浙江省杭州市

杭州旧称钱塘（余杭县钱塘村），宋代以前属吴兴郡（湖州）。

　　冰心老人曾经说过："在浙言商，首推丝绸。"

　　说起杭州丝绸，就要先说一位书法家，他就是唐代的褚遂良。褚遂良的父亲叫褚亮，是陈后主（浙江湖州市长兴县人）的尚书殿中侍郎，后来又经历隋唐两朝，而褚遂良后来也成了唐太宗的重臣。不过，因为反对武则天掌朝，褚遂良被贬到今天的越南，最后死在了那里。

　　当时褚家后代都被流放到了边远地区，直到武则天死后才给平反。褚遂良的第九代孙褚载迁到了杭州。杭州的老百姓传说，就是褚载从扬州迁到杭州的时候，把扬州的先进丝绸技术带来了，从此杭州丝绸业才得以长足进步。因此，杭州丝绸行业的人，把褚载当作他们的祖师爷来敬。

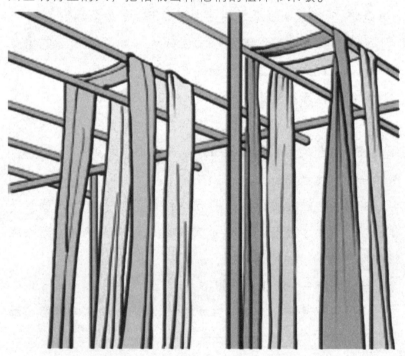

相传褚家的故居在今天杭州下城区的新华路北段，这个地方旧时称忠清巷，自唐宋以来，一直就是杭州丝绸业的中心区域之一。

宋代，丝绸业的人已奉褚载为鼻祖，昔日的褚家祠堂，就修建成了观成堂。到了清代，还树了碑文赞颂他的伟业。杭州丝织业的圣地在东园巷的机神庙，那里也有一块碑，专门记载了褚家的功德。

清朝时，清河坊的绸庄鳞次栉比，格外繁荣。

如今，杭州余杭区是国家确定的"丝绸织造基地"，常年生产绸、缎、棉、纺、绉、绫、罗等 14 个大类，200 多个品种，2000 余个花色，质地优良，远销世界上 100 多个国家和地区。

中国绸都——四川南充市

"巴蜀人文胜地，秦汉丝锦名邦。"

四川南充市是全国四大蚕桑生产基地和丝绸生产、出口基地之一。南充位于四川东北部，是川东北经济、商贸、金融、科教、文化、信息中心，是全国四大蚕茧丝绸生产基地之一。南充丝绸具有 3000 多年悠久历史。

南充气候温和，雨量充沛，适合栽桑养蚕，2005 年 4 月被中国丝绸协会授予"中国绸都"称号。

据中国现存最早的一部地方志《华阳国志》记载，周初，今南充、西充、南部、阆中等地所产蚕丝织物已经成为周王朝贡品。

秦汉时期，各县令皆劝课农桑，丝绸业一跃成为南充经

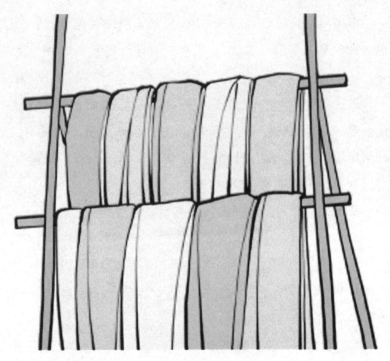

济的一大支柱。广安等县从汉章帝时起，就实行了以布帛为租，是历代用丝绸为田赋的开始。到南北朝及隋朝时，甚至地方官员的薪水都用帛代替，官阶越高，则帛越多。

唐宋年间，南充更是"天上取样人间织，满城皆闻机杼声"，有绸、绫、锦、绢、丝等十多种产品被定为朝廷贡品，果州花红绫还输往日本，名扬中外。

在元代，因战乱频繁，南充丝绸业趋于停滞和衰败。到明代，重新恢复。至清代，丝绸业呈现繁荣景象。

1915 年和 1925 年，南充的醒狮牌扬返丝和金鹿鹤牌生丝先后荣获巴拿马国际博览会金奖，将南充丝绸推向了世界丝绸业的巅峰。

　　如今，丝绸业撑起了南充工农业的半壁江山。2009 年 12
月，中国首个由政府倾力打造的丝绸馆——四川南充丝绸馆
花落深圳中国丝绸文化产业创意园（"中丝园"）。